向井《ムカイ》と《ト》裏方《ウラカタ》

TOKYO FM「向井と裏方」制作班 編

河出書房新社

向井と裏方

オープニングトーク 007

#1 あの人気番組の舞台裏 011

オードリーのオールナイトニッポン
若者のメディア、深夜放送を作るおっさんの矜恃
藤井青銅（放送作家） 012

かが屋の鶴の間
収録場所は、会議室です。
通谷研志（中国放送 東京支社営業部） 025

霜降り明星のだましうち！
芸人さんを追いかけ続けて幾星霜
三浪 瞭（ABCラジオ ディレクター） 036

チョコレートナナナナイト！
地方局の番組はこうやって生まれる
中尾 慎（静岡放送プロデューサー） 049

#むかいの喋り方
それは、パーソナリティの見守りに徹する仕事
秦　進太郎（ディレクター）060

#2 〈ラジオ〉という仕事 071

今日も「番組愛」を伝える。
気持ち悪いほど長いメールで
大畠順子（TOKYO FM 編成部）072

現場に必要な裏方の力
坂下冬樹（ラジオエンジニア）083

「作家」へとつづく道
矢野了平（構成作家）093

弁当屋から一夜でラジオスタッフへの軌跡
おおくまみなみ（ディレクター）104

15歳の俺とハイタッチ
東海林　靖（ディレクター）114

表方ゲストのSP回!!
向井と岩井
岩井勇気×向井　慧 126

#3 語りを支える 137

ずっと出役を見てきた。 高井 均（構成作家） 138

ラジオ好きな人は、正直、あまり好きじゃない 戸波英剛（ディレクター） 155

繋がりもアイデアも、現場で生まれる 小林洋平（構成作家） 166

人間の毒々しいものを浄化してくれたラジオ 寺坂直毅（放送作家） 177

どこからでもリスナーが入れる番組づくり 辻 慎也（ディレクター） 189

Interview
ラジオの声を、こんなふうに聴いてきた。 向井 慧 204

#4 裏方さんとラジオの未来 215

同期が舞台に出ていく眩しさと誇らしさ エレファントかさ増し（構成作家） 216

いま死にたいと思っている人を、もうちょっと生かすことができるかも　長沼けい子（構成作家）　226

ご長寿番組から見えてくるもの　長曽沙也子（ディレクター）　237

Podcastができること　神吉将也（ラジオ関西 プロデューサー）　247

タイムテーブルリレー　258

Essay

向井さん、私はもっとこの業界にしがみついてみようと思います。　塩見昌矢（「向井と裏方」構成作家）　275

「向井と裏方」放送回リスト　281

アフタートーク　284

オープニングトーク

——さっそくですが、「向井と裏方」はどのような番組ですか？

向井　全国のラジオ番組に携わる裏方さんをお迎えして、その番組の舞台裏を語る、全ラジオ好きに向けたウラカタトークバラエティです。

——番組を始めたきっかけは？

向井　この番組が始まった当時、ぼくはすでに三本ラジオのレギュラーを持っていました。最初にスタッフさんから「向井さんとラジオをやりたいです」というお話があったときは、「これ以上ラジオを増やしたら、もう喋ることなんてないよ！」と思っていたんです。

　でもお話を聞いてみると、「裏方さんとじっくりお話をする番組を作りたいんです」「非常に狭くてもいいから、ラジオに特化した番組をつくりたいんだ」と。それだったらほかの番組と被らないかもなと思い、打ち合わせをお願いしました。

　当時は、コロナ禍の最中でしたから、リモートでの打ち合わせでした。招待された

Ｚｏｏｍのルームに入ったら、この番組のディレクターさんと作家さんの顔が映ったんです。
　その瞬間、「あ、この目はラジオ変態の目だな」と（笑）。この人たちとお仕事ができるのであれば、ラジオの話もちゃんとできそうだなと確信しました。そもそも、ラジオの裏側をコンテンツにしちゃうなんて、良くも悪くも変態的ですよね。

――それから二年間も続いて。

向井　そうですね。二〇二一年の一月から始まって、全一一五回、全部で四五人の裏方さんにご出演いただきました。出ていただいた裏方さんも、ラジオ局の局員、プロデューサー、ディレクター、放送作家、広報、ラジオエンジニア……とさまざまで、ラジオが大好きでこの仕事を始めた人、ラジオなんか聴いたことがなかった人、気がつけばラジオの世界に入っていた人と、動機もさまざまでした。いろんな方がいましたが、皆さん、譲れない部分を持っているプロの方だったと思います。
　話してくれた裏方さんがいるなら、聴いてくれたリスナーの皆さんもいます。ただラジオ番組を楽しむだけではなく、裏側まで知ろうとしてしまう。マジックの種を見ちゃっていいの？　と思うんですけど、ついつい見たくなってしまう。だからリスナーの皆さんも、きっと「ラジオ変態」だろうなと思うんですよね。

――この本について教えていただけますか？

向井　その「向井と裏方」から、二二回分を取り上げて、書籍化したのがこの本です。

「向井と裏方」のヘビーリスナーも、この本で初めて番組を知った人も、ラジオ業界に興味がある人も、いろんな方が楽しめる内容になっていると思います。
「話題のあの番組を手掛けるスタッフってどんな人たちなの!?」とか、「ネット騒然のあの神回はどうやって生まれたの!?」とか、「パーソナリティとはどんな打ち合わせをしてるの!?」とか、「ラジオ変態」たちが満足する内容になっていると思います。

それでは「向井と裏方」スタートです。

＊本書に収録した「向井と裏方」の全放送回は、AuDee《オーディー》でお聴きいただけます。

https://audee.jp/

[AuDeeとは]
全国38のFM局による音声コンテンツプラットフォームで、スマートフォンアプリ、ウェブサイトの両方で視聴いただけます。
AuDeeアプリ内から登録できるサブスクリプションサービス「AuDeeプレミアム」（有料）では、会員限定のオーディオプログラム、出演者本人からのテキストメッセージ配信やスタジオショット限定公開等のコンテンツを提供しています。

#1

あの人気番組の舞台裏

オードリーのオールナイトニッポン

若者のメディア、深夜放送を作るおっさんの矜持

藤井青銅

（ふじい・せいどう）1979年、第1回「星新一ショートショート・コンテスト」入賞。以降、作家・脚本家・放送作家となる。「夜のドラマハウス」〔ニッポン放送〕、「青春アドベンチャー」〔NHK-FM〕などで多くのラジオドラマを書く。「伊集院光のOh!デカナイト」立ち上げ、「オールナイトニッポン」〔ともにニッポン放送〕はデーモン小暮（当時）、ウッチャンナンチャン、オードリーを担当。腹話術師・いっこく堂の脚本・演出・プロデュースを行い、落語家・柳家花緑に新作落語も提供。著書は『ラジオな日々』『ラジオにもほどがある』（以上、小学館）、『幸せな裏方』（新潮社）、『一芸を究めない』（春陽堂書店）など。最新刊『国会話法の正体』（柏書房）。

今回取り上げるのは、ニッポン放送で放送中の「オールナイトニッポン」でございます。僕も大好きな番組で、毎週欠かさずに聴いていますし、スペシャルウィークにも何度かゲストで呼んで頂いたのですが、好きすぎて断っちゃいたいぐらい。自分が出たら、自分が好きな回が一回分減っちゃいますからね。本日お迎えするのは放送作家の藤井青銅さん。特に「リトルトゥース」〔「オードリーのオールナイトニッポン」のリスナーの名

称〕にはおなじみの方ですよね。

どんなお話が聞けるのでしょうか。それでは「向井と裏方」スタートです。

向井　「オードリーのオールナイトニッポン」に青銅さんは番組の立ち上げから、ずっと関わっているんですよね。

藤井　そうですね。私だけになっちゃいました。

向井　僕も出演させて頂いたんですが、作家さんの人数が多くてびっくりしました。

藤井　あ、あの番組が異常に多いの。私がブースに入らないので、ブースに入ってもらうと最低二人になっちゃうでしょう。その時点で贅沢なんですが、見習い作家が来たり、色々あって、今は最終的に四人も作家がいる。そんなラジオ番組ってないですよ。

向井　青銅さんと、サトミツ〔佐藤満春〕さんと、飯塚大悟さんと、チェ・ひろしさん。

藤井　よくご存じですね。

向井　毎週聴いてますから！　青銅さんが中に入らないのは最初からですか？

藤井　うん。あの番組を始めた時、初回だけはちょっと入りましたけれども、基本的に入らないのは自分で決めました。

向井　それはなぜですか。

藤井　理由は五つあります。

向井　全部聞きたいです。

藤井　一つは、若林〔正恭〕さんとの付き合いが長くて、二人が売れる前から番組をしていて……。

向井　「フリートーカー・ジャック！」〔ラジオ日本〕っていう番組ですよね。

藤井　よくご存じですね（笑）。若林さんは、売れる前から、僕にトークの相談をしてくれる関係で、いわば手の内を知っている。そんな人が横にいると喋りづらいんじゃないかなと思って。遠くにいればね、「あのじじいが」と言えるから、そっちのほうがいいんじゃないかと。

向井　なるほど。他の理由も教えてください。

藤井　二つ目は、この時代ですから、ホームページやＳＮＳで写真が出るだろうなと思ったの。その時にね、隣におっさんが写らないほうがいいだろうなと。深夜放送ってやっぱり、若者のメディアだと世間では思われていますよね。高校生や受験生、大学生が聴いていると。実際はそうでもなくて、三〇代ぐらいの人も多く聴いているんだけどね。

向井　若者の文化という前提はあまり崩さないほうがいいんじゃないかと。

藤井　そう。番組自体は、最初から三〇代ぐらいの大人に向けてやっていたんですよ。大人が共感できたほうが絶対いいからと。でも世間的には、若者のメディアだと思われているから、やっぱり写真に写るのはまずいなあと思って。

向井　番組のブランディングのような形で。……本当にあと三つあるんですか？

藤井　本当にあと三つあるんですよ。でも、それ以上は喋らないようにしよう。

オードリーブレイク前夜

向井　今日は「フリートーカー・ジャック！」の話を聞きたいんですが……。

藤井　そんなの知ってる人、世の中にいないよ。なんでご存じなんですか。

向井　若林さんの本を読んだりとかすると、出てくるので。それこそ若林さんがまだテレビに出られる前の頃のお話ですよね。青銅さんが立ち上げた番組なんですか？

藤井　ラジオ日本の知り合いのプロデューサーからトーク番組をしたいと話がありました。向井さんはご存じでしょうけど、ステージとラジオとテレビの喋りは全然違いますよね。

向井　はい。全然違いますね。

藤井　それは向井さんが売れたからわかる訳で、売れない限り永遠にわからない。売れてくると「この話はラジオがいいよ、テレビならこっち」と作家さんやディレクターがアドバイスをしてくれるけど、売れない限りその機会がない。だから売れてない人に、僕がアドバイスをする番組をしようと。若手のためにもね。だから「三〇歳手前の売れてない人を呼んできて」と、色々な事務所にお願いをしたんです。

向井　すごいオーダーですね。

藤井　それぐらいって「どうしようかな」と一番思う年齢ですよね。芸人としては芽が出ないなか、バイト先では妙に出世して「店長にならないか」って誘われたりするでしょう。だからそのぐらいの人を呼んでほしいと、いろんな事務所に声をかけて。条件として、「一人で来てね」って言ったの。

向井 普通はコンビで試すじゃないですか。そうじゃなかった理由は？

藤井 それは絶対にやりたくなかった。コンビで話すと、コンビのうちうちの話になって、リスナーが置いてけぼりになっちゃう。これがよくない。一人でラジオの向こうの人に向かって喋る訓練は、番組がない限りできないから。だから一人ずつ呼んできて、って。コンビで来てもいいんだけど、喋るのは一人ずつよ、と。

向井 リスナーと一対一で向き合うような喋りを見たかった。

藤井 そう。そこに、若林って人が来たの。あと、いとうあさこさん、ナイツも来ました。

向井 その中で、若林さんを「面白いな」と思ったポイントはどこだったんですか。

藤井 まず会議室で一人ずつ僕と一対一で喋って、アドバイスして「はい次の方、どうぞ」というのを一〇人くらい続けてやるんですけど、次の順番待ちしている芸人さんは、僕がどんなところにダメ出しをしているのかわかる訳です。その時に、自分が持ってきた話を途中で修正できる人と、できない人がいて、たぶん、若林さんは修正していたと思う。で、面白かった。「じゃあ次も来てね」と。

向井 なるほど。

藤井 あとやっぱり、鬱屈している人の方が面白い。

向井 ラジオってそうなのかな。特に若林さんの自意識の話って、すごく面白いですよね。

藤井 恵まれていないことも、芸人さんにとって、のちのちは全部飯の種になるじゃない。これは幸せなことですよね。

向井 その当時は本当に嫌なことでも、何年か経って面白く話せたり。

藤井 おいしいネタになる。こういう商売ってないもんね。「じゃあ、最強じゃん」って若林さんも途中で思ったみたい。何がどうあっても、「のちのちネタになると思えば辛くないじゃん」って。

向井 伊集院光さんも嫌なことがあった時に、ラジオで喋れるのは一つの逃げ道だとお話しされてますよね。

藤井 そうそう。精神的にも楽でしょ。向井さんの番組も、二時間半も時間があれば、他で言えないことも話してすっきりできるでしょうし。

向井 そういう意味でもラジオって、すごくありがたいですよね。

「いや、トゥースじゃないほうの人」

向井 「フリートーカー・ジャック！」が終わって、そこから時間があくわけですよね。

藤井 そこから数年あいて、M-1の敗者復活でオードリーが出てきて、初めてズレ漫才を見ました。以前ライブには行ったことがあったんだけど、当時は色々模索していた時期で見たことがなかったんですよ。だからテレビで見て「おお、よかったね」と思って。でも言い方は悪いけど、当時は「キャラ芸」のコンビだと思われていたじゃないですか。これはマズいぞと思ったんです。

向井　春日〔俊彰〕さんのキャラが注目されてましたからね。

藤井　キャラ芸のコンビが、テレビでどう消費されるか、色々見ているからわかっている訳ですよ。さんざん同じことをさせられ、早く飽きられる。縁がなければ別にそれでもいいんですけども、若林さんが喋れることは知っていたから。そのことを早いうちにアピールしないと、機会が与えられないまま春日さんが消費されて終わってしまうって思いました。ニッポン放送の編成局長が知り合いだったから、年明けてすぐにニッポン放送に連絡して、「オードリー今、話題だね」「オールナイト、特番一回やらない？」と。そうしたら「喋れるの？」って。まあ、それが普通じゃないですか。

向井　あのテレビの出方を見てると、そうなってしまうかもしれない。

藤井　「いや、絶対喋れるから」って。「トゥースの人が？」「いや、トゥースじゃないほうの人が喋れるんです、若林っていうんです」「え、何？」って。

向井　（笑）

藤井　それで二月に特番をやって、本当は四月からレギュラーが欲しかったんですけど、空きがないと無理なので、もう一回特番をやり、一〇月に空きが出そうという話なので「そこ頂戴」と。それがたまたま土曜日だった。

向井　はぁ〜、そこから始まるんですね。今の土曜の夜のニッポン放送は。

藤井　一週間の終わりでありがたいって若林さんは感謝してくれるんですけど、偶然です。偶然そこが空いたから。

向井　青銅さんが、「この回は面白かったな」っていう話はありますか。もちろんたくさんあると思うんですけど、一つ挙げるとするなら。

藤井　五〇〇本くらいやってますからね。で、これは若林さんとも一致するんだけど、出来事が大したことなくて、なんでこんな面白い話になっちゃうんだろう、みたいなのが好きで。例えば、トイレが詰まった話。ただトイレが詰まったっていうだけの話なんだけども……。

向井　そうなんですよね。

藤井　そういうのが面白いよね、って話を時々しますね。

向井　伊集院光さんも仰ってましたけど、「電池買いに行った」っていう話が面白くできるようになりたいと。やっぱりラジオの最終地点、究極のトークって、もしかしたらそれを面白く話せることなのかもしれない。

藤井　かもしれないですもんね。出来事が面白いんじゃなくて、その心の動きが面白かったりするんでしょうね。

トークは「心の中にあるものを出す」

向井　若林さんの本に、話の構成やオチの付け方を、青銅さんから勉強したのだと、書かれていました。そうした構成のオチの付け方のイロハのようなものを聞いてみたいです。

藤井　わりとみんなによく言うのは、オチなんかどうだっていいんだよって。

向井　オチはどうでもいい。

藤井　芸人さんは特にオチに囚われますよね。でもオチがあるけれど、その途中が面白くない話は三分も聴いてられないんですよ。三分が面白くて、最後はぐじゃぐじゃのほうが、まだ聴いてられる。オチはなんとでも付けられるんですよ、ジングル打っちゃえばいいし。オチよりも、途中が面白いほうがいい。でもなかなか芸人さんはそう思わないみたい。

向井　なるほどなぁ。途中の面白さの作り方も、ラジオのトークってなかなか難しいなと思います。ボケとかそういうことでもないですよね。

藤井　ないですね。

向井　面白いポイントって、その人がどう思ったのかであったり。

藤井　視点だと思います。

向井　そこですよね。最初にラジオやった時に、自分でボケっぽいことを言うんですけど、まったく手ごたえがなかったんですよ。でも「僕はこう思ったんですよ」と熱量を持って喋っているほうが笑ってもらえたりする。

藤井　ああ、そのほうがいいと思う。だからパンサーの尾形〔貴弘〕さんとか、春日さんもそうだけど、ああいう方は〔ラジオが〕ちょっと苦手だったりすると思う。自分の得意技が出せないからね。出してもなんか通じない感じがするんじゃないかな。それより心の中にあるものを出すほうが伝わるんです。必ずしも笑える必要はない。「こんなことで辛かった」という話でも伝わるのよ、全然。

向井　「なんかわかる」と思いながら、聴いてる人も多くいるわけですよね。若林さんは、収録中にいろんなことを考えながら女性タレントに話しかけてるんだ、とか。やっぱり日常の世界でも、多少あることですもんね。

藤井　そうそう。あるある。

ラジオは止まらない

向井　リスナーさんから質問を頂いています。ラジオネーム、ジャージー豆乳さん。
「オードリーのオールナイトニッポンのリスナーです。よく青銅さんいじりとして、オードリーのお二人が、『心が震えたり熱くなった出来事や、初めて会う人、喋る人はトークになる』と言っていますが、本当に些細な感情の動きでも、喋る力があれば面白くノスタルジックなトークができるのでしょうか」
　よくオードリーのお二人が、ラジオの中でこのお話をしますよね。「青銅イズム」だと。

藤井　そんなこと言ったかな、オレ……。話した記憶はないんだけど（笑）

向井　ははは。さっき話したことにも通じますね。

藤井　通じますね。やっぱり心が動いてないと。でもそれは「面白い」じゃなくて、「悔しい」

でも「残念だ」でもいい。そういう話のほうが伝わりますよね、きっとね。

向井　そうですよね。僕自身、どれぐらい決めて喋るのか迷っています。喋る時に、このポイント喋りたいなあとか、これは言っときたいなということを頭で整理するんですけど、あんまりかっちりしすぎてても、発表会みたいになっちゃって面白くないんじゃないかな?と。作るポイントと遊びの部分のバランスが、まだ自分の中で定まってないですね。

藤井　春日さんは、初期の頃は紙に書いてましたよ。内容をね。そうするとね、やっぱり読んじゃうんだよ。その紙をね、直前に取って捨てたことがありましたけどね。

向井　(笑)

藤井　喋りがおたおたして、そっちの方が面白いんですよ。トークってそんな感じがしますね。この話をするのを忘れないようにキーワードだけ書いておくとか、間違えちゃいけない言葉や人物名をメモするのはいいと思うんですけど、喋ることをそのまま文字に起こすのはやめたほうがいい。

向井　ラジオネーム、アルミ缶から頂きました。
「オードリーのオールナイトニッポンの長い歴史の中で、一番記憶に残っている緊急事態は何でしょうか」

藤井　東日本大震災があった時ですかね。直後の一週間は放送をやめましたけど、二週目にどう始めるのか。各番組、各局みんな模索していました。特にお笑いの深夜ラジオはね。

向井　あの時期って「本当に笑わせることって必要なの?」と問われていましたよね。

藤井　それはもう、各局手探りで始めて。最終的な答えは「いつも通りに笑ってもらうしかない」なんだけど、答えはわかっていても、その時点ですぐにそこには行けないじゃないですか。それが人間ってもんだからね。あの時は、「漫才をやってほしい」って私のほうからお願いをしたのね、二人も「漫才をやりたい」って言ったの。だから、同じことを思っていた。
　スタッフは漫才には手出しできないじゃない。収録前にスタッフだけで会議して打合せをしていたら、別室で二人が漫才の新作の稽古をしているのが聞こえてくるわけですよ。本息《ほんいき》の声を出してやっていて、廊下越しに聞こえてくるぐらいの音量で。

向井　うわ〜。

藤井　それはね、なんかすごい熱いものを感じるなって。

向井　震えるエピソードですね。僕もその放送を聴いてましたけど、そういう裏話が。

藤井　そう。やっぱりすごくいい放送になったし、喜んでくださった方が多かった。これは各番組、みんな同じようなことをやってると思うんですよね。

向井　やっぱりラジオって、コロナ禍でもそうでしたけど、唯一止まらなかったですよね。

藤井　そうですね。リモートに合っていることもよくわかった。

向井　コロナの緊急事態宣言の時でも、ラジオだけは生放送で発信してましたから。

藤井　自宅からでもできるしね。電話だっていいわけですから。そうですね、ラジオは意外に強かったってことですよね。

向井　それでなんか勇気づけられたとか元気になりましたっていう声も結構あって。やっぱラジオってすごいなって改めて思いましたね。

藤井　人が喋るのを聴くのって、やっぱり何かほっとするんでしょうね。

向井　特に深夜の一時とか三時の、自分一人しか起きていないんじゃないかって思いながら聴くラジオって……。

藤井　刺さりますよね。

向井　いやぁちょっと、まだまだ聞きたいことあるな。でも今回はここまででございます。

〔二〇二一・一・二九〕

かが屋の鶴の間

収録場所は、会議室です。

今回迎える裏方さんは、広島県の放送局、中国放送の通谷研志さんです。通谷さんは現在、中国放送の東京支社の営業部に所属されていて、「かが屋の鶴の間」、「芸人お試しラジオ『デドコロ』」などの番組制作を担当されています。この中国放送はラジオとテレビの両方がある放送局で、ラジオはＲＣＣラジオという名前でおなじみだそうです。どんな裏方トークになるんでしょうか。それでは「向井と裏方」スタートです。

通谷研志

（つうや・けんじ）大学卒業後、広島県に本社がある株式会社中国放送に入社。広島でラジオ営業部などを経験したのち、東京支社でテレビ・ラジオの営業部署に在籍する傍ら、番組制作にも携わる。「かが屋の鶴の間」「芸人お試しラジオ『デドコロ』」「ザ・ギース尾関高文とOCHA NORMA広本瑠璃の年の差ラジオ」など、主にお笑い芸人出演のラジオ番組を企画・制作。２０２３年からは再び広島に戻り、テレビ番組の制作を担当。

向井　本日の裏方さんは、中国放送の通谷研志さんです。よろしくお願いします。

通谷　よろしくお願いします、中国放送の通谷です。

向井　通谷さんは、ブースがあまりお好きじゃないみたいで。

通谷　ちょっと緊張しますね。

向井　普段は中国放送の東京支社で働かれているんですよね。東京支社にはブースのようなものはないんですか？

通谷　ないんですよ。会議室とか応接室しかなくて、全然放送局っぽくないんです。

向井　この後も色々お話伺いますけれども、「かが屋の鶴の間」も、ブースでやっているわけではないんですか？

通谷　はい、普通の会議室でやってます。なので、普段ラジオの仕事してるはずなんですけど、ラジオのところに来たなと今思ってます（笑）

向井　本当に不思議なもので、ラジオって簡単に言えば喋るだけなので、どこでやっても同じって思いますけど、実際は全然違うんですよね。ＣＢＣラジオでやっている「#むかいの喋り方」は、東京と名古屋で交互に録ってるんですけど、聞いたところによると、ＣＢＣラジオの東京支社のほうに一度、見学しに来ようとしてくれたことがあるとか。

通谷　そうですね。ＣＢＣラジオの社員さんから一回、「かが屋の鶴の間」を見学したいって言われて、うち〔ＲＣＣ〕に来られたんです。その時に、「うち〔ＣＢＣ〕でも向井さんの番組やってるから見にくる？」と。で、当日ＣＢＣに向かっていたら、直前ぐらいで連絡が来て、向井さんがＮＧだと。

向井　（笑）

通谷　ええっ、と思って。

向井　これは非常にさっきの話と繋がるんですけど、「#むかいの喋り方」は基本、収録見学をＮＧにしていたんです。いつもと違う誰かが一人でも外にいるだけで、ラジオって変わっちゃうじゃないですか。

誰かが見てるとか、知らない人がいるっていう意識が喋ることに影響するんで、基本的には誰も通さないでくださいと。

通谷　普段のスタッフと普段の場所で、普段聴いてくれているリスナーに向けて喋るっていうのがいいところだと思うんです。実際、芸人さんでもラジオの時は気になるから、最少人数でやりたいっていう方もいらっしゃるんで、そうですよねって思うんですけど。

向井　だから、最初ＯＫって言わないでくれってことですよね（笑）

通谷　そうですね（笑）。今日も来させてもらってますけど、下でやっぱりナシって言われるかなと思ってました。

向井　向井が通谷ＮＧなんじゃないかと。

通谷　その可能性があると思って、今日はここまで来ました。

「かが屋の鶴の間」の誕生秘話

向井　「かが屋の鶴の間」についてがっつり伺いたいなと思っているんですが、どういった感じで立ち上がったラジオ番組なんでしょう？

通谷　当時ラジオ制作部に、大森〔美空〕という後輩の女性のディレクターがいたんですけど、僕が知る限り、僕以外で唯一のお笑いが好きな社員なんです。なかなかお笑い芸人さんの番組がないので、何か一緒に番組できるかもと、ちょっと目をつけていたんです。

向井　中国放送では？

通谷　はい。あまり広島ではお笑いの文化がなくて、お笑い芸人さんの単独ツアーでも広島だけ売れてないことが結構あって、悲しいんですよ。

向井　あまり芸人さんの番組も立ち上がらない中、

収録場所は、会議室です。

それでも芸人の番組をやりたいなと。それでチャンスが来たんですか？

通谷　僕がまだ東京でテレビの営業をしていた時だったんですけど、出張で東京から広島に戻った時に、大森と会社でばったり会ったんです。そうしたら、彼女が「年始の特番枠もらえたんですよ。誰がいいですかね」と言ってくれて。これチャンスが来たなと思って、「かが屋とかどう？」と。

向井　その時一番推していたっていうことなんですか？

通谷　お笑いが好きなので、東京に転勤してから、毎週二つとか三つお笑いライブ行くようになってて。それでちょっとかが屋がきてるなっていうのもありつつ、片方が広島出身だということを会社に出せたら、推す理由の一つになるし。

向井　その時のかが屋って、お笑い好きな人の中ではもうわりと知れ渡っていた感じですか？

通谷　そうですね。「キングオブコント」〈TBSテレビ〉の決勝とかもまだだったけど、お笑い好きの間でちょっときてるぞっていうタイミングでしたね。

向井　かが屋の名前を出して、そのまま通ったんですか？

通谷　そうですね。大森も「いいですね」ってなって、かが屋で企画出してみたら通りました。

向井　それで一発目は特番を？

通谷　はい。年始に特番をやりました。

向井　その時からレギュラー化は目標だったんですか？

通谷　いや、一回で終わるだろうなと思ってました。なかなか〈RCCは〉お笑い番組のレギュラーがないので、よかったからといってレギュラーになるビジョンも描けなくて。

向井　とりあえず、面白いと思ってる芸人さんと一回特番できたら嬉しいな、でスタートしたんですか？

通谷　そうですね。その後、一月に特番をやって、四月から月一のレギュラーでした。かが屋は東京にいるので、毎週広島に来てもらうのも無理だろうなっていうのもあって、何とかなるラインを色々探った挙句、月一だったらと。

向井　当時の「鶴の間」は広島に行って録ってるんですか？

通谷　東京支社の会議室からです。スタジオを借りるとお金がかかるので、会議室でやりますっていう企画書を出しました。

向井　この時点で、まだ通谷さんはテレビの営業ですよね？

通谷　そうです。「鶴の間」は夜の生放送だったんで、アフターファイブみたいな顔でやってましたね。

向井　ちゃんと自分のテレビの営業をやった上で、ちょっと「鶴の間」に携わる、ぐらいの感じだったんですね。じゃあ、「鶴の間」をやってる中で、どんどんかが屋が評価されていくのも、リアルタイムで近くで見ていたと。

通谷　そうですね。レギュラーが始まった年の夏にキングオブコントの決勝に初めてかが屋が出たので、それで社内の見え方も若干変わったのかなと思います。

オールナイトニッポン0での大事件

向井　かが屋がどんどん有名になって、みんなにも認知されていく中で、色々思い出に残る放送があると思います。

通谷　ニッポン放送の「オールナイトニッポン0」の土曜日の夜三時から、単発の枠があるじゃないですか。そこに「かが屋の鶴の間」が入って、コラボって言っていいのかわからないですけど、やらせてもらう機会を頂いたのは、ちょっと想像もしてなかったですね。

向井　ただただ「かが屋のオールナイトニッポン

収録場所は、会議室です。

0」をやるんじゃなくて、通谷さんを始めとしたスタッフの方たちも、番組に関わったんですよね？

通谷　そうです。ディレクターも、「かが屋の鶴の間」をやっていた当時のディレクターが入っていました。

向井　そういうことってあまり聞かないですよね。その放送はどうでしたか？

通谷　かが屋と言えばコントっていうので、「鶴の間」でも毎週ラジオコントをやってるんです。それで、特番だし、初めてのオールナイトニッポンだし、ちょっとひねったことをやりたいなと思って、結果としてリスナーにちょっとしたドッキリをしかけるような形になりました。かが屋が他のテレビの仕事からの移動中で、放送に間に合ってないから、車の中からスタジオに電話をかけてますっていう、一〇分ぐらいの長尺のコントを前日に収録して。「大丈夫か？」っていうリスナーからの反応を期待するような内容だったんですけど、僕が、放送の三〇分ぐらい前に、かが屋がスタジオにいる写真をTwitterにあげちゃって、台無しにしちゃったんですよね。

向井　僕も放送聴いてましたけど、この事件って結構語り継がれてますよね。とんでもないやつがいると評判だったんですけど、あなただったんですね（笑）

ニッポン放送でやる「鶴の間」は、普段の「鶴の間」とはまたちょっと違いましたか？

通谷　そうですね。当時「鶴の間」は、街角中継とかで使うちっちゃい中継機材のようなもので二時間の生放送を全部やるっていうスリリングなことをやってて、過去に電波が途切れたりとかが結構あったんですよ。

向井　それ事故みたいにならないですか？

通谷　なりますよ。

向井　いや、だめですよ（笑）。それも何回かあったんですか？

通谷　ありました。一番ひどかったのは、キングオブコントに出た報告の回で、もうその機材が番組の後半でうんともすんとも言わなくなっちゃったんですよ。

向井　今のかが屋が何を喋るんだって、みんな待ち望んでいたかと思いますが。

通谷　完全に止まっちゃったので、かが屋の真ん中にiPhoneを置いて、それで広島のスタジオに電話をかけて放送をしました。

向井　iPhoneの電話の音をそのままラジオにのせて流したんですか。

通谷　流しました。

向井　電話の音質って限界があると思うんですけど、でも止むを得ないですよね。

通谷　そうですね、止むを得なかったので。

向井　放送がそんなことになるんだったら、やっぱり東京からなんか無理だよっていう判断にはならなかったんですか？

通谷　そうですね。何とかなったなって感じで終わりましたね。

向井　それで言うと、ニッポン放送でやった時は機材からもう違いますよね。

通谷　そうですね。機材もすごいですし、普段の放送の方がもっとハラハラしてるから、僕がコントをばらすぐらいのトラブルはまああるでしょって思ってほしいなって（笑）

向井　とにかくね、そのハプニングすらも放送とかでいじりながら。

通谷　そういうハプニングも含めて「鶴の間」だよね、みたいな感じにもなっていたので、ある意味オールナイトニッポンでも「かが屋の鶴の間」らしさが出たみたいに、ポジティブにも捉えられるかなと。

向井　だいぶポジティブ変換してますけどね（笑）

加賀さんの休養中に賀屋さんが覚醒

向井　加賀〔翔〕君がちょっとお仕事を休まれる時

収録場所は、会議室です。

は、賀屋〔壮也〕君一人で放送していたんですか？

通谷　そうですね、その間は賀屋さんが一人でやってました。

向井　普段は二人でやってるラジオで、いきなり一人喋りになるとまた全然違うものになると思うんですけど。

通谷　賀屋さんはラジオだけじゃなくて、他のテレビの仕事とかライブとかでも一人で活動するようになったんですが、悩んでるなっていうのは感じました。

向井　でもその間に賀屋君が一人でピン芸やって、「R-1グランプリ」〔フジテレビ系列〕の決勝にも行って、環境によってすごく強くなっていった感じもしましたけど。

通谷　本当にちょっと言い方が偉そうですが、賀屋さんの変化は近くで見ててかなり感じましたね。

向井　賀屋君のラジオへの向き合い方はどうでした？

通谷　賀屋さんは二人でやっていた時も、ちょっといじられても、まあまあと流す感じで、カッコつける部分があったんです。でも、一人でやるようになったら当然うまくいかないわけですよ。加賀さんが休養したタイミングで、聞き役として作家の白武ときおさんに入ってもらったんですけど、白武さんの言葉で話がオチてCMにいくのが本当に多かったんです。これはさすがにマズいと賀屋さんが結構苦労してた時期があったんですけど、悩んでいる中でもテレビでギャグやったりとかもしていて。

向井　「Qさま!!」〔テレビ朝日〕でギャグをやってスベった事件はいまだに言われてますよね。

通谷　そうですね。「鶴の間」の収録のために、僕と白武さんと賀屋さんが三人でいる時に、賀屋さんが「悩んでるんですけどどうしたらいいですかね」って言い出したんです。なので、「恰好つけずに、悩んでるってことを話していったらいいんじゃないですか」っていうのを僕らから話したら「なるほど、そうなんですかね」と。そのあたりから徐々に変わってきたというか、自分の恰好悪い話をするようになったんですよ。そこで価値観の転換が若干起こったのかなと。

向井　ラジオって、失敗したこととか全然うまくいかなかったことを泥臭く語るところもまた魅力じゃないですか。だから加賀君が休養中の「鶴の間」は、賀屋君にとっても、悩んでる中で色々模索して、何かを摑むまでの大事なものだったのかもしれないですね。

通谷　そうかもしれないです。

向井　そして加賀君が帰ってくる。その回も大きな回ですよね。

通谷　そうですね。マネージャーさんから、「復帰の一発目は『かが屋の鶴の間』で」って言って頂いたのは、非常にありがたくて、すごく嬉しかったですね。

もっと聴きたいを目指す「デドコロ」

向井　通谷さんは「鶴の間」以外にも、芸人系のラジオで言うと「芸人お試しラジオ『デドコロ』」を担当されていますよね。この「デドコロ」は、中国放送が作った番組なんですか？

通谷　これは火曜会が制作しています。名前がちょっと怪しいですよね。

向井　怪しいですね（笑）

通谷　実態は、東京大阪以外のローカルのＡＭ局が集まって共同で番組を作りましょうという組織で、ＣＢＣラジオとかも入ってる組織なんです。その中で番組を四つぐらい制作していて、そのうちの一つが「デドコロ」です。だからどこかの局の制作ってことではないんですよ。

向井　企画は、火曜会のみんなで何か出し合うんで

収録場所は、会議室です。

すか？

通谷　この「デドコロ」に関して言うと、「かが屋の鶴の間」とかさっきのオールナイトニッポンの話とかで、ちょっと僕が目立ったりしたことがあって、「お笑い好きなんだったら何か考えてみたら」って言われたんで、「やっていいんだったらじゃあ何か考えます」と企画した番組ですね。

向井　この番組はパーソナリティが二ヶ月交代でお届けしていく形で、今までいろんな芸人さんがやってますが、このチョイスは、通谷さんがされてるんですか？

通谷　番組は、「空気階段の踊り場」とか「爆笑問題カーボーイ」〈以上、TBSラジオ〉を担当されてる越崎恭平さんっていうディレクターさんにお願いしてるので、基本は越崎さん中心ですが、次の芸人さんは誰にしようか？というのは一緒に話しながら決めてます。

向井　二ヶ月ごとっていう理由は？

通谷　レギュラー番組って言えなくもないかなっていう長さと、あともう少し聴きたいなっていうところで終わるものっていいよなと。

向井　やっぱり一ヶ月だとレギュラーっぽくないし、でも三ヶ月で一クールって言われてますよね。

通谷　そうですね、二ヶ月か三ヶ月でちょっと迷ったところはありました。ただ、そんなにラジオのイメージがない芸人さんに、ちょっとお試しのレギュラーのような感じでやってもらって、その後実際に他の局とかでレギュラー番組持ってもらえたらいいな、っていう思いもあって、そのためにはもっと聴きたいって思ってもらうほうがいいのかなと。

向井　もちろん全員面白い放送だと思いますが、その中でも、通谷さんがすごいなって思った方いらっしゃいましたか？

通谷　ななまがりさんの森下〈直人〉さんが、架空芸能人ってやられてるじゃないですか。あれを毎週コーナーで名前を募集して、そこで森下さんが演じるっていうのをやってたんですけど、一〇〇個やることになっていたのに、最終回までで一五、六個ぐらいしかできてなくて。

向井　全然足りてない（笑）

通谷　全然足りてないんですよ。最終回で八十何個を一気にやろうってなって、来たメールを全部読んで。

向井　ハイカロリーなことやってますねえ。

通谷　メールもなくなって、あとは森下さんの中から出てくるものをやりました。当然三〇分の放送には収まってないんですけど、あれはポッドキャストでフルのバージョンが聴けるので聴いてほしいですね。森下さんはもちろんすごい疲れてたんですけど、初瀬〔悠太〕さんもめちゃくちゃ疲れてたし、聴いてるほうもくたくたで（笑）

向井　演者もリスナーも疲れるような、それぐらい濃ゆい放送だったんですね。

通谷　元気がある時にぜひ聴いて頂きたいなと思います。

〔二〇二一・一〇・一四〕

収録場所は、会議室です。

霜降り明星のだましうち！

芸人さんを追いかけ続けて幾星霜

radikoの「エリアフリー」に入ると、全国の放送局の番組を聴けるようになるんですが、実は僕はそれに加入していません。それをやっちゃうと、本当にラジオばっかり聴く生活になっちゃいますから、我慢しています。コロナ禍の前は二週間に一度大阪に行く機会があって、そのたびに聴いていたのが、「霜降り明星のだましうち！」と「ダイアンのよなよな…」。今回お呼びするディレクター

三浪 瞭

（さんなみ・りょう）ディレクター。1992年生まれ、奈良県出身。TBSラジオ「山里亮太の不毛な議論」を聴きラジオ好きに。大学卒業後、ラジオ番組制作会社に入社。その後、ABCラジオ所属に。現在は「東野幸治のホンモノラジオ」「ミルクボーイの煩悩の塊」「霜降り明星のだましうち！」「貼らせてカベポスター（不定期）」「岩本・西森の金曜日のパパたち」「ABCミュージックパラダイス」など芸人・音楽番組を中心に制作。最近のイチオシ関西芸人は、バッテリィズ、三遊間、ぐろう。

の三浪瞭さんは、その両方に関わっていらっしゃるということで、もう聞きたいことがたくさんあります。関西のラジオの裏方さん初登場ということで、どんな裏方トークになるんでしょうか。「向井と裏方」スタートです。

向井　三浪瞭さんです。よろしくお願いします。

三浪　三浪です。よろしくお願いします。

向井　見た感じ、お若いですよね。おいくつですか。

三浪　二八歳です。

向井　二八でディレクター。東京ではあまり聞きませんが、関西でも若いほうなのでしょうか。

三浪　いや、関西ですと、二年目くらいから「お前、座るか」とデビューすることが多くて。

向井　二〇代でデビューする方も結構いらっしゃる？

三浪　そうですね。やっぱ人がいなくて。

向井　実は今日、三浪さんはリモート出演の予定だったんですけど、なんとこのスタジオに来て頂きました。東京までの交通費を自腹で出されたというお話を聞いたんですけど。

三浪　そうですね。リモートだと聞いてたんですけど、自腹で行ってもいいですかと聞いたら、「いいですよ」と言うので。

向井　本当に申し訳ないお話で。やっぱり見ておきたいという気持ちがあったんですか。

三浪　そうですね。あと、リモートで面白くなかった、とか思われたくないんで。不安要素はできるだけ消しておきたいなって。

向井　いや素晴らしい。お越し頂き、ありがとうございます。

自腹で劇場へ足を運んで

向井　僕は大阪へ行くたびに「だましうち」や「よなよな…」を聴いています。「だましうち」は霜降りがM-1を獲る前からやってる番組ですよね。優勝する前の霜降り明星で番組を始めようと言ったのは三浪さんなんですか？

三浪　そうですね。僕がずっとやりたいと思っていて、二〇一七年に、たまたま運よく特番の枠を頂いて。当時は「ABCお笑いグランプリ」〔ABCテレビ〕を獲る直前でした。

向井　大阪の賞レースもまだ獲っていない時期ですよね。そもそも霜降り明星でやりたいと思った理由はどこにあるんでしょう。

三浪　まず粗品さんが「オールザッツ漫才」〔MBSテレビ〕で優勝した時に衝撃を受けて……。

向井　かっこいいストーリーですよね。急に現れた若手が、錚々《そうそう》たる先輩たちを抑えてピンで優勝する。

三浪　それで、霜降り明星のネタは劇場でよく観ていたんです。それから僕は、ABCラジオに入社して、いろんな方のトークライブを観に行くようになりました。ある日、ちぇく田さん〔元くのいち〕、河内さん〔元ジョニーレオポン〕と粗品さんがやっていたトークライブを観に行ったら、とても面白くて。その時、当時の部署の先輩が一緒についてきてくれたんですが、「面白いと思ったら挨拶せぇよ」と終演後に言われて。その日に人生で初めて芸人さんに挨拶しました。「ABCラジオで働かせてもらっています」と。それで、何とか形にしたいなと思い始めたんです。

向井 その時に、霜降り明星で番組をやりたいなぁと思ったんですね。三浪さんはすごく劇場に足を運ぶ方だと聞いたことがあります。

三浪 少なくても週に二、三個は劇場に行って、配信も三つほど観ます。

向井 それは自腹ですか？

三浪 そうですね。自腹切りますね。

向井 関係者として観せてもらうこともできると思うんですけど。

三浪 先輩に言われたんですよ。「お前は誰に食わせてもらってるんや。芸人さんが面白いお喋りをしてお前の給料になってんねんから、その芸人さんに返せ」って。だから絶対に自分のお金で行ってます。自分のお金で観に行ったほうが、良いことも悪いことも言えるし。

向井 なるほどなぁ。お笑いが好きな気持ちは昔からあったんですか？

三浪 そうですね。特に僕らの世代は、M-1がちょうど小学生の時に始まって、全員お笑い好きになったんですよ。

向井 自分がやる選択肢はなかったんですか？

三浪 それは恐れ多すぎて。小学生の時に、お笑いクラブに入っていたんですけど、その日の夜に「爆笑オンエアバトル」〈NHK〉を観たら、全然……恥ずかしすぎて。絶対やめようと思いました。

向井　でもお笑いに携わる仕事がしたかったと。いろんな携わり方があると思うのですが、なぜラジオだったのでしょう。

三浪　これといってラジオとは思っていなかったんですけど、吉本興業やテレビ局の入社試験にことごとく落ちまして。で、最初に内定を頂いたのが、今のラジオ局だったんです。

向井　じゃあ、テレビに受かっていたらテレビを作っていたかもしれない。たまたまラジオ局に受かっていたから、ラジオをやったと。入社当初から、芸人さんの番組を作りたいという気持ちはあったんですか？

三浪　最初のうちはそれよりも、ラジオ局はテレビの放送局の中にあるので、会社内をうろうろして、「あ、芸人さんいた！」とか。局の近くで芸人さんが歩いているのを見たり……。

向井　本当に芸人さんが好きなんですね。

霜降り明星の適応力

向井　「霜降り明星のだましうち！」ってびっくりするくらい面白いですよね。ナイナイ〈ナインティナイン〉さんのような空気があると思いきや、ボケとツッコミが逆になったりする時もあって、「なんだこの子たち！」と衝撃を受けました。霜降り明星の二人は、最初からあんな感じだったんですか？

三浪　もちろん最初から面白かったんですけど、改めて聴き直すと、二人とも適応力が高い。実は二人ともラジオを全然通っていないんですよ。一回目の時も「こんな感じでいいんですか？」と全然手ごたえがない感じでした。でも二回、三回と続けていくうちに、一気に今の形になったと言いますか。トークの感じなのか、展開の持って行き方なのか、お二人がどこまで意識されていたかわからないんですけど、九〇分のレギュラーから始まって、すぐに四〇分くらいフリートークがもってしまう。

向井　そこに三浪さんのアドバイスや、周りのラジオを作っている人のアドバイスはなく？

三浪　そうですね。ただプロデューサーの上ノ薗〔公秀〕さんが、「トークを転がしていけ」とは言っていました。その場では「わかりました」って答えていたんですが、せいやさんは腑に落ちてなかったのか、トーク中に「転がせって何やねん」って言っていて（笑）

向井　いきなりイジりながら。すごい二人ですよね。お互いにボケもツッコミもいけるし。せいや君はモノマネもできるし、過去のM-1の記憶もすごいじゃないですか。あと、「リアルフードファイト」のコーナーがありますよね。あれはどうやって生まれたんでしょうか。

三浪　あれは突発的に出てきましたね。せいやさんが「リアルフードファイト」という難しすぎるお題を言うんですけど、リスナーさんがそれに答えてくれて面白くなっていく。これに限らず、フリースタイルな感じはありますね。

向井　それができるのは、地肩が強いからでしょうね。

M-1優勝までの道のり

向井　一番覚えている回はありますか？

三浪　M-1グランプリに向けての物語でしょうか。優勝する前から番組が始まっていて、最初のM-1グランプリの準決勝の前日に収録したんですよ。全員に決勝確定だという空気があって。でも次の週で「すみません、落ちました」と。

向井　ああ、ドキュメントですね。

三浪　僕も当時は、M-1グランプリの特番を担当していて、決勝出場者にインタビューをする仕事があったんですね。だから準決勝前のお二人に「頑張ってください。決勝のインタビューのとこで待ってますんで」と言って。

向井　それは熱いですね。

三浪　でもそこでは会えずに。なんて声をかけていいかもわからなくて、粗品さんに「好きな音楽って何ですか？」とめちゃくちゃ気を遣った質問をしてしまいました。

向井　そういうことを経て、霜降り明星が優勝するんですもんね。

三浪　あの瞬間は外で観ていたんですけど、人生で初めて外でガッツポーズしちゃいました。

向井　優勝して初凱旋したラジオ一発目はどうだったんですか？

三浪　翌日に収録で、スタジオではお寿司を用意したり、見たことのない偉い人もラジオのフロアに来ていました。もうスタッフ全員、「たまらん、泣きそう」って感じだったんですけど、一緒に霜降りと入ってきたテレビのディレクターの方が、なぜか最初に泣いて……なんであいつはラジオのところで泣いているんだと（笑）

向井　そうですよね（笑）。三浪さんは霜降りの二人がまだ注目されていない時から番組を作っていたわけで、お二人に対する思いはありますよね。二人三脚でラジオをやってきて、結果を出したわけですから。今の霜降りを三浪さんはどう見ているんですか？

三浪　いやぁ、ちょっと早すぎる。もう全部やってるやん、って。

向井　とんでもないスピード感ですよね。東京のゴールデンの番組でMCをしたり。ちなみに、三浪さんから見た裏側の霜降り明星はどのような感じなのでしょうか。

三浪　本当に変わらずです。忙しいのもあるんですけども、入ってきて一分後には録音を始めるんですよ。

向井　天才っすね。ふらっと来てあんなおもろいラジオする。いやぁ、すごいなあ。「お笑い第七世代」っていう言葉自体、「だましうち」で最初に出た言葉ですよね。

三浪　そうですね。「第七世代」は「だましうち」から生まれました。

向井　ですよね。言った時はもちろん、こんなことになるとは誰も思ってなかった？

三浪　スタッフ全員スルーでした（笑）。あ、そんな夢があるんだ、ぐらい。

向井　ラジオ発信の言葉がだんだん浸透していき、今やお笑い界の一つの軸になっていくのはすごいですよね。霜降り明星が東京進出をする回も、エモい回になっていましたよね。「だましうち」を続けるのか、終わるのかという話も出たんですか？

三浪　そうですね。東京で「霜降り明星のオールナイトニッポン」（ニッポン放送）が始まり、向こうに活動拠点を移すことになった。こっちは大阪の番組で、交通費も出せないですし、深夜三時のラジオを続けても得なんてないかもしれない。スタッフとしては「夢を見させてもらってありがとうございました」という感じだったんですけど、霜降り明星のお二人から「今後もやらせてください」と言って頂いた。こんな嬉しいことはないです。

向井　それは嬉しいですね。

パーソナリティとしての ダイアンと海原やすよ・ともこ

向井　ちなみに三浪さんは「ダイアンのよなよな…」（二〇二一年九月終了）も担当されていますよね。僕もよく聴いています。ダイアンのお二人、パーソナリティとしてすごいところはどこですか？

三浪　喋りだして最初のオープニングは、五分くらいお天気の話をするんですが、それが毎回ニヤニヤさせるところ。フリートークってこういうことなんだろうなと思いますね。

向井　確かに、あれができたら一番強いかもしれないですね。これっていうエピソードを喋るわけではなく、なんとなくずっと面白い空気を持続させる。

三浪　前任者の方から唯一教えてもらったことがあって、生放送では話がオチたらジングルを流すことが多いんですよね。でもダイアンさんの場合は、オチてもほっといてくれと。そこからニヤニヤが続くから、すぐにジングルを押すなと。

向井　普通の芸人さんのラジオだったら、ここがオチってところでジングルを流すのがよしとされる、気持ちいいとされますけど、ダイアンさんはもうちょっと粘れと。確かに。面白いことを言ってから、あの二人、ずっと足しますもんね。あそこがずっと面白い。あと結構、時事ネタを喋りますよね。

三浪　そうなんです。お二人がニュースを意外と――「意外」と言ったら失礼かもしれませんが――見たり読んだりしている。でもそこに対して、切り込むわけではないんです（笑）

向井　そうですね（笑）。さっとなでるだけの時もありますけど、それがまた面白い。二人がなんとなく喋っていく中で、どんどん転がっていく。三浪さんから見て、東京のラジオと関西のラジオの違いはどういうところだと思いますか？

三浪　ＡＢＣラジオに入社する前に、「ラジオ祭り」というリスナーさんと触れ合うイベントがあり、新入社員は一回手伝うことになっているんですけど、「お、全然知らない人や」と思ったパーソナリティでも、むちゃくちゃ人気があるんです。

向井　はいはい。

三浪　ご年配の方も聴いているし、こんな世界があるんだなと思いましたね。東京だとタイムテーブルを見ると、こんな有名な人が喋っているんだと思いますけど。

向井 ちなみに大阪の番組で、このパーソナリティはすごいと思う方はいますか？

三浪 去年まで「やすよとともこのOFF MODE」という番組に携わっていたのですが、海原やすよさん、ともこさんは、ちょっとすごすぎる……。

向井 すごすぎるんですね。

三浪 三〇〜四〇代の女性の方がメールを送ってくださる番組なんですけど、「日常でこんなことありました」というメール一本で、三〇分喋り切る。「ていうかあんたな」って。

向井 バケモノじゃないですか……。一通の何気ないメールで三〇分面白く話せちゃう。大阪のラジオは芸人さんの腕一本のようなところがあるんでしょうね。

ただ個人的にやっているだけ

向井 今、仕事に関して、しんどいなぁ、大変だなと思うことはありますか？

三浪 「だましうち」の収録前とかは、「今日、嫌われへんかな？」って思うんですよ。僕のミスで面白くなくなってしまったらどうしようと。

向井 そこの緊張感がある。

三浪 やはりずっとありますね。

向井 自分のせいでミスして面白さを減らしてしまうんじゃないかと。

三浪　それはめちゃくちゃある。毎週あります。

向井　三浪さんがラジオ番組を作る上で、こだわっているポイントはどこですか？

三浪　僕はトークがどうこうと内容について言ったりはしないですね。できるだけお二人の素で喋ってほしいと思っています。芸人さんたちにお任せしている。いいタイミングで音を入れるだとか、そういうのもしないですし、無音でやっているんで。

向井　芸人さんの腕への信頼みたいなものがあるんでしょうね。だからこそ、三浪さんは自分の目で選ぶことを大事にしていると。

三浪　ただ昔からお笑いの深夜ラジオは聴いているので、音楽を選ぶ時は理由をつけて選ぶようにしています。例えば、「だましうち」であれば、お二人に関係のある曲やトークにひっかけたタイトルの曲を選んだりとか。あとは、曲終わりにジングルを入れるんですけど、その曲をアーティストが昔やっていたアイドル時代の曲にしたり。

向井　新しくリリースされた曲をただ流すのではなくて、自分の中で理由があるものを選んでいる。その辺は三浪さんが毎回チョイスしているんですね。特に周囲に言わないけれど、伝わっていたらいいという感じなんですか？

三浪　勝手にリスナーさんがこうなんじゃないかと楽しんでくれたらいいなと。誰にも言わず、ただ個人的にやっているだけですけどね。

向井　で、なんかさっき聞いたんですけど、三浪さんには勝負パンツがあるらしく……。

三浪　はい。今日もはいてきました。派手なパンツというわけではないんですけど、このパンめに、新しい番組を始める日や、新しいコーナーを始める日は、僕はこのパンツをはいているんです。

向井　（笑）

三浪　もうお尻が破れているので、その日はうんこに行けない。

向井　それも基本は自分で個人的に？

三浪　楽しんでやってますね。

〔二〇二一・七・二〕

地方局の番組はこうやって生まれる

今、ラジオスター論争がちょっとだけ盛り上がってまして。芸人で一番ラジオを持ってるのは誰なんだと。向井、酒井さん〔アルコ&ピース〕、東ブクロ〔さらば青春の光〕という、三国志がうっすら過熱しています。本日お迎えする裏方さんは、アルコ&ピースの酒井健太さんこと国王がパーソナリティを務める「まだ帰りたくない大人たちへ チョコレートナナナナイト！」に、立ち上げメンバーとして参加されています。酒井さんのすごさについても、今回は聞けたらなと思っております。では、どんな裏方トークになるんでしょうか。「向井と裏方」スタートです。

チョコレートナナナナイト！

中尾 慎

（なかお・まこと）ラジオディレクター、プロデューサー。1992年生まれ、福井県出身。大学卒業後、2015年に静岡放送入社。ラジオ局編成制作部〔現ラジオ局オーディオコンテンツセンター〕に配属され、以来、ラジオ番組制作や派生コンテンツ制作に従事。これまでに「チョコレートナナナナイト！」「ふくわうち」「テキトーナイト」などを担当。現在はアルコ&ピース酒井健太さんパーソナリティの「日曜ヒマするあなたに送る ヌンヌンヌーン！」や、平日午後の帯番組「ゴゴボラケ」のプロデューサーを務める。

向井　ということで、本日のゲスト、静岡放送〔SBS〕の中尾慎さんです。よろしくお願いします。

中尾　よろしくお願いします。

向井　初めてお会いするんですけど。まず若いというか、見た目がチャラ……（笑）

中尾　いやいや、全然です、全然。初めてゲストで来てわかったんですけど、放送局ってやっぱり威圧感あるんですね。

向井　収録スタジオのTOKYO FMに威圧されました？

中尾　威圧されましたね。キラキラしすぎて。

向井　TOKYO FM、特にです。俺も、エレベーターに乗ったら、膝をドラムにしているスタッフがいましたから。そんなおしゃれなやつ、AMにもいないっすよ。これ、俺も威圧されましたから（笑）。中尾さんはどんな番組をやられてきたんですか？

中尾　火曜日夜に放送されていた「チョコレートナナナナイト！」〔二〇二二年三月終了〕がメインで。

向井　この「チョコレートナナナナイト！」の話を聴きたいというリスナーの方、非常に多いんですよ。立ち上げた時からやってらっしゃるんですか。

中尾　そうです。最初からですね。

向井　そういう番組が決まるまでって、どんな流れなのか気になるんですけど。どういうふうに「チョコレートナナナナイト！」が出来上がるんですか。

中尾　「チョコナナ」の場合は、うちの中でも特殊なんです。元々その時間って、プロ野球中継をやってたんですね。でも「火曜日は何か自社制作で作ってみないか」となって。で、制作部長から「みんな、とりあえず企画出してみよう」と。

向井　なるほど。コンペみたいな。

中尾　それで、バーッて企画書が集まってきたところで、「やりたいっすけどね」って言ったら、「え、じゃあやってよ」って。

向井　それだけですか？（笑）じゃあ事前に企画はもちろん出してたわけですよね。当初出してたのはどんな企画だったんですか。

中尾　当初やりたかったのは、スクー……あっ！

向井　「SCHOOL OF LOCK!」〈TOKYO FM〉でしょう（笑）。いいですよ。オマージュや、リスペクトがあるんだから。そのまんま作ろうとしたわけじゃないでしょう。

中尾　全然。「SCHOOL OF LOCK!」って、超有名な番組があるじゃないですか。で、学生、二〇代の新社会人向けの番組を作ってみたいなと思ってたんですよね。でも、「SCHOOL OF LOCK!」だとちょっと明るすぎる。深夜ではないけど夜の番組だから、僕達としては、深夜のテンション、ちょっと淫靡な空気感でやりたい。

向井　ちょっとエロもありつつとか。

中尾　エロもありつつ、がいいねぇと。「チョコナナ」のプロデューサーになる人とは、「半年で終わってもしょうがないから、自分達が本当に面白いって思うものを半年間頑張ろう」と言い合ってました。

予想外を求めて生まれた酒井×矢端アナ

中尾　じゃあ、パーソナリティどうする？ということで。夜のお話も面白くしつつ、真面目な話もできつつ、清濁併せ呑める芸人さんでやりたいとなったんです。で、何人か考える中で、アルピーさんに。

向井　うん。いいですよね。ラジオで人気もあるし、どんな話題でもできるお二人ですから。

中尾　そうですね。ただ、自分自身が元々ラジオを聴かずにラジオ局に入ってきたんですよ。なのでお恥ずかしい話なんですけど、アルピーさんがラジオで活躍されてるのは知らなくて。

向井　ああ、そうなんですか。

中尾　アルピーさんの「オールナイトニッポン」〈ニッポン放送〉のことも知らなかったんで。で、平子〈祐希〉さんってラジオ面白いのかな、でも忙しそうだなあ。酒井さんってどんな感じなんだろうと。

向井　もう、ちょっと雲行きが怪しくなってきましたね（笑）。平子さんはピンネタも見てるし、たぶん喋れるだろうな。ただ、忙しいんじゃないかな。じゃあ相方の酒井さん空いてるかもな。でも、喋れるの？　どうなの？ってことですよね。

中尾　そうです。それで調べたら、酒井さんのラジオでのフリートークのネタが出てきたんです。たまたま聴いたのが、自分のおばあちゃんに初体験の年齢を聞くフリートークだったんですよね。それがすごい面白くて。この人でやりたい、とすぐ電話して。火曜日は収録で埋まっちゃってたんですけど、ずらしてもらいました。

向井　そもそもアルピーさん二人で、という選択肢はなかったんですか。

中尾　なかったですね。それだと、うちでやる意味がないじゃないですか。そこがたぶんローカル局とキー局の違いだと思うんですけど。あくまでＳＢＳがやるからには、地元感とかローカルがやる意味が、ちょっと欲しかったんですよね。静岡のタレントさんかアナウンサーがペアでやるイメージでした。

向井　で、酒井さんが最初に決まって。

中尾　今度は相方となる人を探し始めたんですけど、なかなかピタッと来る人がいなくて。それまでうちにいたいろんな女性アナウンサーと酒井さんをイメージした時に、なんとなく予想がつく。それ、嫌だったんですよね。

向井　ほお。逆に「なんとなく見えるからこれでいこう」ではなく、見えてるのが嫌なんですか。

中尾　そうですね。元々半年で終わってもいいと思ってるんで。自分達で予想ができない展開になってほしい思いがあったんです。とは言っても、もう放送開始まで一ヶ月くらいの時期でした。その時に、どうやら四月から女性アナウンサーが入ってくるらしいという話が入ってきたんです。そのうちの一人が、相方になる矢端名結《やばたみゆ》、「やばたん」なんですよね。じゃあやばたんで、ていう感じで決まったんですよ。

向井　えーっ。本当に未知数ってことですか。

中尾　本当の本当に未知数。一回も会ったこともなく、カメラテストで見たくらい。だからやばたんと酒井さんも、放送一発目、四月二日になるまで話したこともなければ、会ったことも当然ない。

向井　いきなり、ドンで。

中尾　そうです。当日に顔合わせして。

向井　はぁ〜。初回放送が終わった時に、この子でよかったなってなりましたか。

中尾　なりました。やばたんの明るさ、純粋な感じというか。たぶん生まれ持ったもので、すごくラジオに大事な部分だなと思いました。やばたんは物事を深く考えるタイプではないんですが、反射速度がエグいんですよね。それが酒井さんとすごいマッチした。いい意味で予想ができなかったことでした。

向井　まさに求めてたもの。どう話が転がっていくのかも予想がつかない。最初から矢端さんは誰にでもフランクに喋れる元気な子だったんですか？

中尾　そう。だからむしろ放送が終わった後に、「ちょっと、今日は近すぎるかもしれないね」って話すくらい、近い距離でした。

向井　一回、注意された（笑）。いや、それって生まれ持ったものですよね。人の懐にスッと、嫌な感じをさせずに入れる。面白いですね。

グッズ転売事件で見えた酒井のバランス感覚

向井　印象に残る企画や、放送回はありますか。

中尾　いっぱいあるんですけれど。番組グッズで一番最初にサコッシュを作ったんですよね。そしたらありがたいことに、すごい人気が出て。定価が三五〇〇円なんですけれど、転売サイトで倍の値段で転売されたことがあった。それをパーソナリティの二人が、オンエアの中で「寂しいよ」とボソッと。

向井　そんなので金儲け、利益出さないでくれよと。

中尾　そうなんですよ。そしたら、その回の数日後に、「すみません、サコッシュ売った者です」というメールが若者から来て。「アイドルのライブにどうしても行きたくて、お金がなくて売ってしまいました」って自首してきたんです。

向井　正直に言ってくれたんだ。

中尾　そうそう。それですぐに、「じゃあ反省文みたいなものを番組に送ってきてくれませんか」「わかりました」というやり取りをして。そしたら、次の日に、今度は「買った者です」とメールが来た。「申し訳ないです。どうしても欲しくて、でも手に入れることができず。埼玉で僧侶をやってます」

(笑)

向井　そこまで欲しいと思ってくれたのは、まぁ嬉しいことですよね。

中尾　じゃあ申し訳ないけど、あなた達は悪いことをしたんだから番組の中で謝りましょうって話して。両方に次の週のオンエアで電話をつないで、お互いに「すみませんでした。買った者です」「売った者です」というやり取りをしてもらいました。この時は、なんか予想がつかなくて。本当はいけないことなんですけど、正直、ワクワクしたのはあります。

向井　確かに。でも、これだけ正直に言ってくれてる二人だし、責める度合いと守る度合いって、酒井さん、矢端さんのポジショニングも結構難しいと思うんですけど、どんな感じだったんですか。

中尾　そこに関しては、酒井さんって、バランス感覚がめちゃくちゃ絶妙というか。あんなに物事って俯瞰で見れるの?というくらい引いた視点を持ってるんですよね。ある程度、酒井さんに任せておけば、誰も嫌な思いをせずに。

向井　丸く最終的におさまるんですか。

中尾　笑いでおさまる。最終的にその件も、埼玉の僧侶が「チョコナナ」用の読経を街中で叫びながら終わる、よくわかんない終わり方をしたんですけれど。罰みたいな感じで。でも、ちゃんと叱るところは叱って。そのあたりのバランス感覚って、やっぱり酒井さん、すごいなって思いました。

向井　それ、自分がその立場だったらと思うと、押し引きが難しいと思うんですよ。もちろん責めなきゃいけないし、責めすぎたら、そこまで悪いのかというのもあるし。それをいい按配で酒井さんがさばいたんですね。

「距離感がバグってる」二人だから引き出せるゲストトーク

向井　酒井さんとはプライベートでも近くなったりするんですか。

中尾　そうですね。コロナ禍の前は、番組終わりによく飲みにも誘ってくださって。サウナも一緒に連れてってくださったり。酒井さんは変というか、距離感がちょっとバグってて。

向井　酒井さんも？（笑）

中尾　番組終わりに酒井さんに「中尾さん、今ここで飲んでるからさ、来れる？」って呼ばれて行くと、男性が三、四人いるんですよ。すごい仲良さそうに喋ってるんで、東京の芸人さんかなと思って「SBSラジオの中尾と申します」ってご挨拶したら、「ラジオネーム○○です」って。

向井　えーっ？　リスナーと？

中尾　出待ちをしていたリスナーと飲みに行って、その日、静岡に結局泊まっちゃう。

向井　昭和のスターじゃないですか。

中尾　そういうことが、毎週のようにあるんですよ。

向井　すごいですね。いや、不思議だな。酒井さんって、僕も何度もお仕事させてもらったことありますけど。楽屋とかでグイグイ喋る印象は別にないんですよ。でもリスナーとの距離は、めっちゃ近いんですね。

中尾　そう。でもたぶん意図して近くしようとしているよりは、本当にフラットなんだと思います。演者さんとリスナーではなくて、対「人」みたいな感じで見てるんじゃないかなと。

向井　へぇ～。でも、リスナーと直でコミュニケーション取って、飲んでというのは、まさに静岡でラジオをやってる意味、やりたいことですよね。

中尾　まさにです。

向井　酒井さんのすごさは、そういうところ。

中尾　そうですね。フラットすぎて、逆に申し訳ないくらいで。例えば番組グッズが一〇〇個、二〇〇個売れたりすると、アルバイトの子と一緒に僕達スタッフが梱包するんですよね。気づくと、そこに酒井さんも来てて、当然のように箱詰めとかしていて。

向井　えーっ？

中尾　アルバイトの子に、「やり方、違いますよ」って怒られて。ああ……って言いながらやってるんですよ。だから、申し訳ないなと。

向井　でも、そこには別になんの意図もないというか。「まあ手伝おう」くらいの感じなんですかね。

中尾　だと思います。

向井　他にもメールで質問頂いてました。ラジオネーム、シンカニックユッチさん。「チョコナナは、フェロモン香水調香師、緊縛師、射精道を指南する医師、テンガ社長、地元の飲食店店長など、幅広く個性的なゲストが出ることでもおなじみですが、一体どこから見つけて出演してもらっているんでしょうか」。特殊なゲストが多いですよね。どういう流れで見つけてくるんですか。

中尾　色々パターンがありますけど、例えば、この前はM性感の女性に出てもらったんですが。

向井　（笑）。七時台、八時台のラジオで、なかなか扱わないですよね。深夜ラジオっぽい。

中尾　でも、ちゃんとそこはアカデミックにやるって言って呼ぶんです。その方は、スタッフが友達から「その人が静岡の出身らしいよ」と噂を聞いたんで、すぐTwitterでDMを送ってオファーしました。飲食店などの方だと、何度かお店に通って、この人の話面白いなと思ったら、「実は僕、SBSラジオのスタッフなんですけど、今度ラジオで喋ってくれませんか」と直接オファーしたりしています。

向井　でも、その方達が実際にゲストで来た時に、生のラジオで喋るってなかなか簡単にできなかったりもするじゃないですか。

中尾　そこは酒井さんとやばたんが、空気感を作ってくれるんで。あんまり心配はしてないですね。本来のゲストさんが持っているものを引き出してくれますから。

地方局のチャレンジ精神から生まれて

向井　SBSのカラーや、社風みたいなものを感じるところあります？　どんな局ですか。

中尾　なかなか他局の方とお話しする機会がないので、主観になっちゃうんですけれども。ちょうど今は、部長、局長、先輩を含めて、否定から入らない文化があるかなと思っています。

向井　やってみようという感じがあるわけですか。

中尾　そうですね。特に若手のスタッフから「こういうのをやってみたいんですけど」って提案があった時に、「いやいや、それ、無理、できないよ」と否定するんじゃなくて。「こうすればできるんじゃない」「俺が総務にかけあってくるね」みたいに言ってくれる環境ですね。

向井　ここ、やっぱり地方局の強みの一個なのかもしれないですね。チャレンジ精神というか。

中尾　意味のある失敗だったら、チャレンジしてみたらって感じがあるかなと思います。

向井　まさに、「チョコレートナナナナイト！」は、その空気をちゃんとまとってる番組ですよね。だからこそ、全国のリスナーも多いじゃないですか。

中尾　ただ「チョコナナ」の場合は、他の部署の偉い人に、ちょっと怒られることもある（笑）

向井　ちょっと、何やってんの？みたいな。やりすぎじゃないの？みたいな。

中尾　そうそう。でも、ラジオ局長と部長が大丈夫って言ってるからまあいいか、と。

向井　なるほどね。ＳＢＳの番組と言えば、「チョコレートナナナナイト！」で認識している方、全国でも絶対多いですから。若いラジオリスナーの頭にＳＢＳの名前が残るきっかけは、すごく大事ですよね。

中尾　そうですね。本当嬉しいですよね。

向井　番組作る上で、ご自分の、これだけはちゃんと守ろうみたいなルールはあります？

中尾　そんなにいっぱい設けてるわけではないんですけれど。一つは社内のルールとか、社内の事情、社外の事情を番組に持ち込まないようにしています。番組ってリスナーのためじゃないですか。一番は。

向井　リスナーに真摯に向き合いたいと。事前に頂いた回答に「一回の放送の中で、どんなに小さいことでもいいから、変化か驚きを入れる」とありますけど、これはどういう意味なんでしょうか？

中尾　特に「チョコナナ」の場合なんですけれど、良くも悪くも酒井さんとやばたんに任せとけば、滞りなく行くと思うんですよ。でもそれだけだと、マンネリはしちゃう。「別に今週聴かなくてもいいや」となるのは嫌だなと。ちょっとでいいと思うんですよ。ジングルがいつもと違うとか。話題になってたこの人が、今日ゲストで来るのかとか。例えばですけど、そういうリスナーが予想できないポイントを入れたいというのがあります。なかなかできないことも多いんですけれど。

向井　うん。毎回同じルーティーンで同じ配分で、コーナーやって、トークやって、という安心感ももちろんありますけど。そうなると確かに今週聴き忘れたけど、まあいいかって出てきますもんね。

中尾　それが一番悔しいじゃないですか。

向井　毎週聴いとかなきゃなって思わせる。

中尾　何かしらの、ちょっとしたものでいいから、変化を作りたい。逆に言うと、それくらいしかやることがないんですね。

向井　それを意識的にやれるのは、作り手側ですもんね。喋り手側はなかなか、そこまで追いつかないかもしれないですけれど。ああ、これは勉強になりました。なるほどなと思いました。でも、どうですか。こういう番組への気持ちとかを語ってるのを、酒井さんに聴いてもらいたいですか。

中尾　いやぁ、絶対嫌ですね。酒井さんには、「向井と裏方」に出ることは一応ご報告したんですけど。「チョコナナ」にも、リスナーさんが「出るんですよね」とメールをくださったんですけど、僕がメールを選んでるから、スッ……と。

向井　隠したんですね（笑）。酒井さんの目に触れないところに。いやいや、でも、「こういう思いで番組作ってます」ということを酒井さんに、俺はぜひ聴いてほしいですよ。

〔二〇二一・一〇・一五〕

#むかいの喋り方

秦 進太郎

（はた・しんたろう）ラジオディレクター。1986年生まれ、愛知県出身。専門学校 名古屋ビジュアルアーツ卒業後、CBCラジオでのアルバイトを経て2012年、制作会社サウンドバースに入社。現在担当している番組は「ザキオカ×スクランブル」「乃木坂46 伊藤理々杏の推しゃべりTime!」「高柳明音・若井友希のやおだがね！」「OCHA NORMAの推し事ノルマ更新中！」「ドラ魂キング（金曜日）」［全てCBCラジオ］。

それは、パーソナリティの見守りに徹する仕事

本日来てくださった裏方さんは、僕がCBCラジオでやっている「#むかいの喋り方」の8浪Dこと、秦進太郎さん。満を持して、自分の番組の裏方さんに初めて来て頂きました。「#むかいの喋り方」のお話はもちろん、秦さんがどのようにラジオ業界に入ってきたのかなど、この機会に色々聞いてみたいと思います。それでは、「向井と裏方」スタートです。

向井　8浪Dことディレクターの秦進太郎さんです。

秦　よろしくお願いします。

向井　いや〜、まさか秦さんとこんなふうにサシで話すことになるとはね。

秦　そうですね。

向井　秦さんはCBCラジオで僕がやらせて頂いている「#むかいの喋り方」のディレクターで、番組内では8浪Dと呼ばせてもらっています。このニックネームはそもそも、八浪しているような風貌だな、というところから……(笑)

秦　向井さんから、第一印象でそう言われました。

向井　いきなり失礼な話ですよね。秦さんは僕と同い年で、「#むかいの喋り方」のディレクターとしては二代目。元々、安田美沙子さんの番組「#やすだの歩き方」〔CBCテレビ〕に僕も出演していて、そのスピンオフで「#むかいの喋り方」が始まりまして。「#やすだの歩き方」のスタッフの中にラジオ番組の制作もしている方がいて、その人が初代のディレクターになってくれたんです。最初は、そのスタッフさんの制作会社が手弁当でやってくれていたんですけど、さすがにそれはよくないという話になり、初代の方が番組を卒業して、次のディレクターとして秦さんが選ばれたんですよね。

秦　はい、そうです。

向井　どういう経緯で秦さんに話が行ったんですか。

秦　ちょうど前任の方が卒業するタイミングで、番組の放送枠が木曜日の深夜○時半からに変わりまして。その枠でも、隔週で生放送をやることになったんですが、スケジュール的に向井さんが名古屋には来られない。そういう理由で、東京に行って生放送ができるスタッフを探していたらしいんです。僕は普段、名古屋のCBCラジオでディレクターをやっているんですが、別の番組の収録のために隔週で東京に行くので、条件に合ったんですよね。

向井　そのスケジュールで動ける人が、秦さんぐらいしかいなかったんだ。

秦　加えて、東京収録の別番組が僕の交通費を出してくれているので、「#むかいの喋り方」ではお金がかからないぞ、という理由もありまして。

向井　なるほど。僕も番組の開始当初、「#やすだの歩き方」の交通費で来ているからラジオにはお金

がかからないぞって話を聞きましたよ。「#むかいの喋り方」って、本当に何にもコストをかけない番組なんですよね（笑）

収録前の過ごし方

向井　担当ディレクターになる以前に、「#むかいの喋り方」を聴いたことってありました？

秦　最初の三ヶ月は聴けてなかったんですけど、二〇一九年の正月特番くらいから聴き始めました。最初は「いかつい番組をやっているなぁ」という印象で。

向井　いかつい、ですか。

秦　ストロングスタイルじゃないですか。フリートークだけで四〇分喋っていて、「うわ〜、向井さんすごいな」と思ったのを覚えています。まさかそれを担当することになるとは思ってもいませんでしたが。

向井　「#むかいの喋り方」が始まるまで、ブースの中での一人喋りってやったことがなかったから、目の前に誰かいてくれないと喋れないな、と思っていたんですよね。初代ディレクターがいた頃も、僕の目の前に座って話を聞くためだけに、その制作会社からもう一人来てくれていたんです。その方が来られなくなってから、一時期は秦さんが目の前に座ってくれていましたよね。

秦　そうですね。三〇分番組の頃は。

向井　ハガキ職人の沼袋君に来てもらうようになってからは、秦さんにはディレクターに専念して頂いています。秦さんの口からちょっと聞いてみたいのが、「#むかいの喋り方」放送前の僕の様子なんです。秦さんからはどんな見え方をしているのかな、と思って。

秦　一人で居心地よさそうだな、って思ってます（笑）。沼袋君がいる時は彼とお話ししていますけど、一人の時は黒い手帳にメモを取ったり、メールにもほとんど自分で目を通して仕分けてらっしゃったり。時間がない中なので、そういう場合は向井さんを一人にしておこう、と。

向井　そうなんですよ、俺。放送前って全く喋らないんですよね。

秦　特に、僕とは話さないですよね。

向井　メールを選んでいたら結局、放送時間前ギリギリになっちゃって。秦さんと喋る時間ってほとんどない。

秦　東京だと沼袋君、名古屋だとおかどん〔岡戸孝宏〕という、いつも聞き手をしてくれる人たちがいるので、向井さんとの会話はそちらにお任せして、僕はちょっと横から話を聞いているだけ、という立ち位置で過ごしています。

向井　他のパーソナリティの方とは、番組が始まる前に話したりするんですか。

秦　「乃木坂46 山崎怜奈の『推しの1コマ』」〔CBCラジオ〕では、番組の収録前に「四週分をどういう構成で録るか」「フリートークをどうするか」などを話すんですけど、喋っているうちに話題が脱線することが多くて、毎回一時間くらい雑談していました。

向井　僕とは全然違いますね。本番前の過ごし方や、ディレクターとの接し方ってパーソナリティによってそんなに違うんだなぁ。

秦　パーソナリティとディレクターの関係性にも色々な形があるんだと思います。

アニソンとSAKEROCK

向井　秦さんがラジオ業界に入ったきっかけは何だったんですか。

秦　そもそも僕、アニメが大好きで。ラジオを聴き始めたのもアニメ関連の番組が最初でした。アニラジを聴いていると他の番組のCMも流れてきて、それをきっかけに地元の局でネットしていた「オールナイトニッポン」〔ニッポン放送〕や、「JUNK」〔ＴＢＳラジオ〕も聴くようになって。

向井　当時、JUNKって聴けました？

秦　本当に短い期間だけ。深夜〇時からやっていたほうの枠〔JUNK ZERO〕ですかね。

向井　あぁ、ケンコバさんの番組〔「木曜JUNK ZERO ケンドーコバヤシのテメオコ」〕とか放送していましたね。

秦　今の時間帯に移動する前のバナナマンさんとか〔「月曜JUNK ZERO バナナマンのバナナムーン」〕。

向井　僕も聴いていた記憶があります。

秦　でもやっぱり、一番好きなのはアニメ声優さんのラジオでした。二三歳までフリーターだったんですが、「アニメやラジオに携われる仕事を目指すなら、これが最後かな」と、名古屋ビジュアルアーツという学校に二年間通いまして。ラジオ専門のコースがなかったので、ライブのＰＡや照明、ＣＤのレコーディングの授業などを受講したんですが、結局どこにも就職できなかったんです。

向井　ほぉ〜、その時点では就職先が決まらず。

秦　ＣＢＣラジオの前身の会社でも採用試験を受けていたんですが、最終試験で落ちちゃいました。ただ、その時のご縁で、今「＃むかいの喋り方」も手がけているプロデューサーから突然電話がかかってきて。「夕方の番組のＡＤを探しているんですけど、まだどこにも就職していなくて、業界に興味があるようならどうですか」とお話を頂いて、アルバイトのＡＤから始めました。

向井　アルバイトから入ったんですか。でも、秦さんってＣＢＣラジオの社員ではないですよね？

秦　そうなんですよ。その後、今勤めているサウンドバースという制作会社に入社しまして。そこの社員になってからは、ディレクター業務も任せてもらうようになりました。ＣＢＣの社員ではないんですが、ラジオ放送の仕事に関してはほとんどＣＢＣのみと言ってもいいと思います。

向井　なるほど。「#むかいの喋り方」では、秦さんのアニメ好きという強みを活かせるコーナーもできましたよね。秦さんが選曲したアニソンを毎週かけているんですが、あれはどういう流れでコーナーになったんでしたっけ。

秦　一回目の収録回で、「せっかくなので秦さんも一曲選んでくださいよ」って言われて。その時、向井さんにもアニメが好きだって話をしていたので、その時一番好きなアニソンをかけたんです。そうしたら、「これから収録回の時には、アニソンを選んでください」という話になりました。

向井　そうか、それが今なお残っているんだ。

秦　二時間半の放送になってからも、最後の一曲を僕が選んでいます。

向井　毎週、秦さんが選んだアニソンが流れる一方、オープニングでSAKEROCKさんの曲（「ホニャララ」）を使っているのは、初代ディレクターのセレクトで。

秦　今使っているジングルや、エンディングもほとんど初代からのものです。

向井　だから今の「#むかいの喋り方」って、初代と秦さんの要素が融合してできている番組なんですよね。二人の空気がどっちもちゃんと残っているのがいいなって、個人的に思っています。

「CBCでこっそり」から全国で知られる番組に！

向井　radikoのエリアフリー機能があるとはいえ、「#むかいの喋り方」が全国の方に聴いて頂ける番組になるなんて、正直、思ってなかったですよね。

秦　思ってませんでした。

向井　当初は、CBCでこっそりガス抜きするための番組、みたいな感覚で始まってね。人手も少ないし、かけられるお金はもちろんない。手作り感満載の中で、よくぞここまでやってこられたなっていう気持ちです。

秦　木曜夜の深夜〇時半からの三〇分番組が、急に「二時間半になるぞ」と言われた時は驚きましたね。

向井　これ、今だからできる話なんですけど……。放送枠が移動になる前、プロデューサーさんから「チュウモリという二時間半の放送枠を作ります」とお話を頂いたんですよ。「向井さんにその枠の番組に入ってほしいです。もし、向井さんが入ってくれなかったら、チュウモリという枠を作るかどうか自体、もう一回考え直すことになります」って言われて。

秦　おぉー、そうだったんですか。

向井　「えー！」ってビックリしましたけど、それだけ期待して頂けるならやってみようか、という気持ちでチュウモリ枠での放送を始めたんですよね。今ではＣＢＣのラッキーウィーク、東京のラジオ局でいうスペシャルウィークにあたる、ラジオ局にとっては大事な一週間に「＃ＣＢＣの喋り方」っていう名前を付けて頂けるまでになりました。「＃むかいの喋り方」はもう、ＣＢＣを代表する番組になったと言ってもいいかもしれないですね。

秦　ん〜……（笑）

向井　ははは（笑）。もちろん、今なおレジェンドたちが、朝の帯もお昼の帯もやってらっしゃいますからね。でも、僕はやっぱりそれぐらい感慨深いんですよ。

秦　毎回Twitterの感想を追っていると、向井さんの話についてはもちろん、僕が選んだアニソンについても盛り上がっていたりして。

向井　そうそう、毎回「めっちゃいい選曲！」って感想がありますから。

秦　そういう反応を見ると、本当に全国の人に聴かれているんだなって思います。ちょっとまだ現実味がないんですけど。

向井　東海三県の人だけが聴いているところから、どんどん著名人たちが名前を出してくれるようになってきた体験をリアルに共有しているじゃないですか。テレビで女優の黒木華さんが好きな番組として挙げてくれたりとか。あれ、嬉しくないですか。

秦　嬉しいですね！

向井　「えっ、そんな人が聴いてくれてるの！」って。

秦　向井さんから「この曲をかけたいです」ってリクエストを受けた時に、その音源がＣＢＣのレコード室にないことが多くて。

向井　ＣＢＣってないのよね、かけたい曲が（笑）

秦　そういう時はアーティストさんのホームページやTwitterアカウントに直接、「この曲をかけたいので、音源を頂けませんか」って連絡するんですけど。

向井　その交渉を秦さんがやってくれてるんですよね。

秦　「パンサーの向井さんが、この曲をかけたいと言っていて」と伝えると、先方から「ぜひかけてください！」と喜びのお返事がくるんです。それがTwitterでも盛り上がったり、シンガーソングライターのハザマリツシさんやGhost like girlfriendさんがジングルを作ってくれる流れにも繋がったりして。

向井　a flood of circleのHISAYOさんがゲストに来てくれたりとかね。面白い広がり方をしているなぁ。

秦　他の番組だったら味わえなかったことだなって、毎月、毎週、感じていますね。

メールの束を背負って東京へ

向井　「#むかいの喋り方」って、ブースの外には秦さんしかいないんですよ。届いたメールをブースの中に入れてくれるのも秦さんだし、ミキサー卓を触るのも秦さんだし。やっぱり大変ですか。

秦　生放送に関しては、一番大変ですね。ＣＢＣだと、ブースの外にディレクター兼ミキサーとＡＤ

さんがいて、中には演者さん一人という体制の番組がほとんどなんです。ただ、向井さんの前に座って話を聞く人が必要なので、そこにＡＤ分の予算を使ってるんですよ。

向井　なるほど。

秦　ＡＤを入れられないので、ブースの外は僕一人だけです。東京スタジオで放送する時は、おかどんがある程度仕分けを済ませたメールを名古屋から送ってくれるんですが、ブースの中に持っていくのは僕の仕事。名古屋で放送する時は、スタジオの中に向井さんとおかどん、外に僕という三人だけの体制になるので、スタジオ横にあるパソコンからメールを出して、仕分けて、曲やＣＭの間にブースの中へ持っていく作業を僕一人でやっていますね。

向井　作業のカロリーは高めですよね。「向井と裏方」のスタッフさんから質問が来ているので、読ませてもらいますね。「生放送前、特に向井さん用に準備していることや、必ずスタジオに用意しているものなどはありますか。『向井と裏方』の場合は、レッドブルを一缶用意しています」。確かに毎回、この番組はレッドブルを一缶用意してくれていますね（笑）。物でも心持ちでもいいんですけど、何か事前に準備しているものってありますか。

秦　僕と沼袋君が、向井さんから「色恋沙汰で何かあったら、絶対報告しろよ」って言われたことがあって。

向井　はいはい、それは言いました。「勝手に彼女作んじゃねーぞ」って。

秦　それを言われてからは、些細なことでも何かあったら報告するようにしています。もちろん放送前に忙しくて話ができない時はあるんですけど、必ず一個は報告するネタを用意するようにしていますね。

向井　恋愛に関する進展具合を報告するっていう準備（笑）。それは放送の内容にも関わってきますしね。後は、コーナーごとにメールを仕分ける作業がありますよね。

秦　でもそれは当たり前のことですし、おかどんが頑張ってくれているので。もちろん僕も一緒にはやるんですけど、細かい作業はおかどんがやってくれています。

向井　一回の放送で、全コーナー合わせてどれくらいメールが来ているんですか。

秦　コーナーがある時は、平均一〇〇〇通くらいです。

向井　それを毎回、仕分けているんですもんね。

秦　名古屋でやる時は、向井さんが来た時に見せられるようにその場に置いておくんですけど、東京に来る時は、僕がリュックでプリントアウトしたものを持ってきているんですよ。

向井　あれ、全部持ってきてるんですか！　このデジタルの時代に？

秦　当日一二時ぐらいまでに来た分は、僕がリュックに入れて背負ってきて、それ以降に来たメールは、おかどんがファックスで送ってくれています。なぜかというと、ＣＢＣのファックスって印刷するのがめちゃくちゃ遅いんですよ。

向井　うん、本当に遅い。

秦　印刷されるのに時間がかかるし、機械の負担もすごいので。

向井　ファックスの紙が熱々になっちゃうんだよね（笑）

秦　だから、持って来られる分は直に持ってきたほうが手っ取り早いんです。

向井　どんな放送局なんだよ！（笑）でも、その手弁当でやっている感じが、東京のキー局では出せないよさだとも思うけどね。

〔二〇二一・一二・三一／二〇二二・一・七〕

TASCAM
CD-9010
PHONES
SINGLE
NO MEDIA

#2 〈ラジオ〉という仕事

TASCAM CD-9010
MANUAL EJECT
(WHEN POWER OFF)
BROWSE
TIME DISPLAY
PLAY MODE
STANDBY
HOME
MENU
SINGLE
DATA
PUSH ENTER
AUDIO
L R
AUDIO
L R

今日も「番組愛」を伝える。気持ち悪いほど長いメールで

大畠順子

（おおはた・じゅんこ）TOKYO FM局員。編成制作局編成部所属。広報担当。大学卒業後、地方局勤務を経て2015年にTOKYO FM中途入社。職務柄か愛社精神強め。旅好き。特に離島の旅が好きで、現在100島を訪れる。社内で部署を横断した地域プロモーションのチームが発足し、なぜか「離島アドバイザー」という肩書の名刺を得ました（笑）。群馬県高崎市から毎日新幹線で通勤中。局、番組への取材等ご依頼ありましたら大歓迎ですのでいつでもご連絡ください。

今回迎える裏方さんは、TOKYO FMで広報を担当されている大畠順子さんです。大畠さんは群馬県出身で、大学卒業後に地元FM局へ入社。後に、二〇一五年にTOKYO FMへ転職されました。日本の離島ひとり旅の先駆者としても知られ、『離島ひとり旅』という本も出版されています。TOKYO FMからの初のゲストで、今までお話を聞いたことのない、広報というお仕事を担当している大畠さん。どんな裏方トークになるんでしょうか。「向井と裏方」スタートです。

向井　TOKYO FMの大畠順子さんに来て頂きました。よろしくお願いします。

大畠　よろしくお願いします。

向井　大畠さんは広報のお仕事をされているということで。今までラジオに携わるいろんな方に来て頂いているんですけれど、広報担当の方は初めてなんです。主にどういうお仕事をされているんですか？

大畠　色々あるのですが、基本的には、番組を広くいろんな人に伝える仕事をしています。新番組が始まる時に、こんな番組が始まりますよというのをどんな形で広

めていくかプランニングしたり、新聞やネットメディアなどに紹介してもらうために記者さんやライターさんにプレゼンしたりとか。あとは、レギュラー番組にゲストが来る時に、番組内やTwitterでの告知だけでなく、そのゲストの方のファンに届くように、メディアの方にお写真をお渡ししたり、こんな内容になります、ということを耳打ちして、記事を書いてもらったりもしています。

向井　TOKYO FMの全ての番組の広報なんですか？

大畠　そうです。基本的にはTOKYO FMの全ての番組、あとはTOKYO FMという会社としての広報を兼ねていますね。

向井　特定の番組の担当ではなく全体なんですね。

大畠　全体です。特にこの番組の担当というものはなく、TOKYO FMのタイムテーブル上の全ての番組や企画ですが、その時々やケースバイケースで変わってきます。知っていたら聴きたかったっていう人を一人でも減らしたいのと、これまでラジオを聴いたことはなかったけど、記事などをきっかけに聴いてみたらラジオがすごく好きになったっていう人を一人でも増やすことを目標にしています。

向井　この改編期でまた新しく始まる番組もあると思うんですが、例えばどういった番組があるんですか？

大畠　この収録の時点で情報解禁しているもので言うと、秋元康さんの新番組。

向井　あっ、見ました。新番組が始まるっていう。

大畠　「いいこと、聴いた」という日曜日の一三時からの番組です。

向井　この場合、広報としてはどういったことをしたんですか？

大畠　情報解禁日をいつにするのか、どんな層に届けるのかを決めたりするんですが、秋元康さん側のご自身の活動の発表にかぶらない日を調整します。

向井　他のお仕事で発表することがあったら、その日じゃないほうがいいなとか、そういうところも調整するんですね。

大畠　そうですね。ドラマのプロデュースの発表があればその日の発表は避けます。

向井　我々は、新番組が決まりましたとなると、どうしても正式な発表の前に、ちょっとラジオでほのめかしちゃったりみたいなこともなくはないんですけど、そういう時って広報の方ってどう思われるんですか？

大畠　ご本人が言ってしまう分に関しては、もうそれでいいかなという気もします。多くの方に届けることが大切なので、ご本人の発表が功を奏すこともあります。でも、スタッフ側がうっかりとかはありえないです。

向井　なるほど。そんなミスは、今までさすがにないですか。

大畠　ないですね。もしあったら今広報担当ではないかもしれません（笑）

向井　イベントをやる時には、広報の方はどういうことをされるんですか？

大畠　イベントの場合は内容によるんですけど、画《え》が撮れるんですよ。最近はＳＮＳで写真や動画をアップすることもあります。ラジオは普段はブースの中なので、どの番組も毎回ほぼ同じ構図で、あまり画にならないんですよね。

向井 まあ、そうですよね。

大畠 イベントの場合は、画と動きがつきますし、話題性の強いイベントでは、テレビに取り上げていただくこともあります。テレビの芸能情報のコーナーの、本当にたった九〇秒とかに乗せるために、各所を必死で調整します。……こんな裏話してもしょうがないかな。

向井 いや、これは裏話をするラジオなんで、それを話してもらわないと（笑）。でもそれは、まさに普段、番組の存在を知らない人に届く大チャンスじゃないですか。

大畠 そうなんです。テレビで放送されると今まで番組を知らなかった方へ届く可能性が高いので……。

熱い思いをラブレターのように伝える

向井 今まで、広報で色々な仕掛け方をしてきていると思うんですけれど、ご自身で印象深いお仕事はありますか？

大畠 最近だと、山崎怜奈さんの「誰かに話したかったこと。」ですかね。

向井 出た、「ダレハナ」ね。僕も一度出させて頂いたことありますけど、TOKYO FMのお昼の帯番組を新しく始めるって、結構大きなことじゃないですか。

大畠 そうです。しかも二三歳の時に始めているので、かなりセンセーショナルな発表だったかと思います。彼女自身がすごくラジオが好きであったりとか、非常に努力家だったりとか、そういう個性を持っていたのですが、それでも、二三歳の女性が、局の顔でもある帯番組をやるってすごいことですよ、という意味で、腕まくりをして広報しましたね。

向井　そういうところもどんどん広めてもらうっていう動きになるんですね。どういう伝え方をしたんですか。

大畠　ダレハナだけではありませんが、この記者さんに書いていただきたい、とかこの媒体に掲載していただきたいと思った時に、私の場合はラブレターのような長いメールを送ることが多いです。

向井　それは大畠さんが書かれるんですか。

大畠　そうです。この仕事が向いていると言うとおこがましいですが、自分に合っている、と思えるのは、これがいいなって思うものを、ちょっと前のめりぐらいの勢いで伝えるのがすごく好きなところです。スクロールを何回するんだっていう長いメールを送ってしまう時もあって、返信が二行とかで来ると、ちょっとやりすぎたかと反省します。

向井　だいぶ思いが過多で（笑）。だからそれを投げかけて、取材をお願いしますっていう仕事でもあるってことですね。「向井と裏方」を大畠さんが広報するとするなら、どういった方法が思い浮かびますか？

大畠　そうですね、一番は、向井さんのトーク力があってこそなんですが、すごく注目されているかなと思っていて。

向井　とんでもないです。まあ……そうでしょうね（笑）。いやいや、すみません。

大畠　こんなにじっくりと、ラジオの裏側で仕事をしている人たちの話を聴ける機会って滅多になくて、興味深いです。それに、そういった方の失敗談や思い入れをリスナーが聴いて、こういう仕事があるんだなとか、ラジオってこうやってできてるんだとか、あの番組の裏にこんなことがあったんだって知れる、すごく貴重な番組だなと思います。

向井　なるほど、そういう風にメディアの方たちにアピールして、だったら取り上げてみたいなって思わせるっていうことなんですね。今、TOKYO FMでやってる番組を全部聴くには耳が足りないですよね。一日何時間ぐらい番組を聴く時間を作っているんですか？

大畠　会社でラジオが流れているので、日中の番組はそのまま聴いてます。あとは自宅まで片道一時間一〇分ぐらい歩いて帰ることが多いので、これはちょっと聴いておきたいなっていうのを、歩きながら聴いていますね。情報出しのために、放送前に聴くことや収録に立ち合うこともあります。

向井　例えば僕がメディア側だとして、TOKYO FMのこの番組を取り上げたいんですけどってなった時に、その番組のよさを言えなきゃいけないわけじゃないですか。全部いけます？

大畠　一応いけるつもりではいます。

向井　TOKYO FMの番組表が今手元にあるんですけど、とんでもない数の番組があるわけですよ。僕、麒麟の川島〈明〉さんが好きなので、土曜日の「SUBARU Wonderful Journey」を結構聴くんですよ。

大畠　ありがとうございます、いい番組です。

向井　この番組の広報として仕事するなら、どういったPR方法になります？

大畠　この番組は、ラジオのいいところがギュッと詰まっているんです。川島さんの声の良さや、トークの素晴らしさがあってのことなんですけど、「SUBARU Wonderful Journey」は世界観がかなりしっかりしているんです。

向井　設定がちゃんとありますもんね。

大畠　そうなんです。かつ、ゲストの方のお話を聴いていくのに、その方の思い入れの地を、時空や場所を超えて旅をしていくじゃないですか。これをもしテレビでやるとしたら、膨大なロケと過去の映像がないと絶対できないし、すごくスタッフが関わって、時間もたくさんかけたものになると思うんです。でも、ラジオのすごいところって、浅草で一九六〇年代に寄席に出ていた人を呼んだとして、「ここが一九六〇年代の浅草です」って言うだけで、特に古い写真を引っ張ってこなくても、その浅草のエピソードを、その人の語りだけで伝えることができるという特性があるんです。時にはそのほうが深く伝えることができると思います。本当にラジオという音声だけのメディアのいい特性がギュッと詰まった番組ですね。

向井　すごいですね。ちょっとじゃあ、木村拓哉さんの「木村拓哉 Flow」は。

大畠　いやもうこれは、「木村拓哉さんです」で。

向井　逆に、これぐらいの方の番組はそれで十分なんですね。

大畠　本当に私なんかがおこがましいですね。

「Skyrocket Company」と「SCHOOL OF LOCK!」のパーソナリティの嘘のなさ

大畠　本当に職業病というか、TOKYO FM愛が強いんです。TOKYO FMの全番組、全パーソナリティが好きで、特に、ワイド番組に関しては、ほぼ全ての方に対して、この人すごいなぁという気持ちがあったりします。夕方の「Skyrocket Company」とかもそうですね。

向井　マンボウやしろさんの。

大畠　あの番組は「働く会社員の味方」としてスタートしましたが、今では生きる全ての人へ向けた番組になっています。やしろさんも浜崎〈美保〉さんもすごく温かい方で、「働く人も」の後に必ず「働いてない方も」とつけたりとか。やしろさんは以前「SCHOOL OF LOCK!」で教頭をされていましたが、その時に、「嘘がつけないから、行動が全て一〇代に向けて正直になる」みたいなことを仰っていて、それが今でも生きているんだなと思います。

向井　僕は吉本興業所属なんですけど、吉本の先輩で言うと、グランジの遠山〈大輔〉さんがずっと「SCHOOL OF LOCK!」で校長をされていて、今は「SCHOOL OF LOCK! 教育委員会」を担当してるんですけど、遠山さんはいかがですか。

大畠　遠山さんは本当に素晴らしい方です。遠山さんが校長をされていた時はコロナ禍ではなかったので、よくイベントが開催されていて、そこに私が広報で入ることも多かったんです。普段、リスナーはラジオを通じて一緒に時間を過ごしているので、遠山さんに直接会える機会は珍しく、イベントをするとたくさんの一〇代の子が集まるんです。「遠山さん」「校長、校長」って集まってくる一人ひとりに、イベントが終わってからも声をかけていて、その姿に一〇代に対する愛情深さや嘘のなさをとても感じました。職業というか、天性のというか「SCHOOL OF LOCK!」の校長だったなと思いますし、それは「教育委員会」になっても変わらず、非常に思いや愛情を感じる方です。

一〇代向けのラジオだからできることをやる

向井　なるほど。今日はいろんな雑誌とか新聞とかを持ってきてくださってますが、これも大畠さんのお仕事の一つという感じですかね。

大畠　そうですね。毎月何かしらの発信がある中のいくつかですが……。

向井　どういったものを、今日は持ってきて頂いたんでしょう。

大畠　今日持ってきたのは、「SCHOOL OF LOCK!」でヤングケアラーについて扱った時のものです。ヤングケアラーとは、祖父母や、病気を持ったご両親だったりとか、小さい弟妹の世話をしている一〇代の子どものことです。学生生活の貴重な時間が奪われてしまうので、大きな問題になってるんですけど、今まであまり取り上げられてこなくて。でも、国が対策委員会を作ったのをきっかけに、多くのメディアで取り上げられました。ヤングケアラーについて、大人が問題意識を持つのも大事ですが、当事者の子どもたちが、自分が当てはまっているなとか、クラスにいるなということを、まず知らないといけないなと思い、プロデューサーに、「SCHOOL OF LOCK!」として声を聞こう、という相談をしました。そして、番組の中だけでなく、もっとたくさんの人に知ってもらうために、朝日新聞の記者さんに記事を出してもらったりも。

向井　それは大畠さんが新聞社側に相談するんですか。

大畠　そうです。一〇代に毎日向き合っている番組がTOKYO FMにあって、日々楽しい話だったり悩みに耳を傾けているんですけれど、この日はヤングケアラーに特化します、と。それを本当に一人でも多くの子どもや大人に届けることに意味があるので、ご一緒しませんかという相談をしました。

向井　それはまたラブレターぐらい長いメールを送ったんですか？

大畠　そうですね。「SCHOOL OF LOCK!」がどんな番組かみたいなのを、とても長く書きました。

大好きな離島について熱く伝えたことも

向井　大畠さんは広報として、いろんな番組のいいポイントとかを伝えられてますが、『離島ひとり旅』〈辰巳出版〉という本も出されてますよね。これが全くラジオと関係ないんですよね。

大畠　全然関係ないんです。

向井　びっくりはしてるんですけど、これもまさに、大畠さんが好きなことなんですよね。

大畠　そうですね。本当に好きなものを好きなように伝えさせて頂いてます。例えば、繁忙期ではない時期に海水浴とかが有名な島に行くと、客が自分しかいなかったりしたんです。多分その民宿の方からすると、変な時期に中途半端に客が来ちゃったなと思ってると思うんです。一泊二食付きで予約していたので、お魚とか出てきて、もてなされるのかなと思っていたら、その民宿のおばちゃんが、「大畠さん、夕飯食べに行こう」って。作るのも片付けるのも面倒くさい気持ちがあったんだと思うんですけど、離島の旅の面白さだなと思って、二人で島の飲食店にご飯を食べに行きました。そういうことがあったりもして、島について調べていったらハマってしまって。

向井　どんどんいろんな離島へ行って。

大畠　そうです、失敗談やネタのような話を含め、離島の魅力が書いてあります。

向井　すごいですよね。TOKYO FMでの広報という仕事以外でも、自分の好きなものを形にしてるという。こちら、ぜひ興味ある方は読んで頂きたいと思います。

〔二〇二一・一〇・一／一〇・八〕

現場に必要な裏方の力

坂下冬樹

（さかした・ふゆき）ラジオミキサー、スタジオエンジニア。１９６９年生まれ、埼玉県出身。専門学校卒業後、（株）放送技術社に入社。ラジオミキサーの仕事をスタートする。その後、フリーエンジニアになり、ラジオミキサー以外にもラグビー場の場内音響、イベントＰＡなどを手がける。現在はエンジニアの仕事をしつつ、専門学校の講師の仕事に携わり、これからの若いラジオスタッフを育成している。

今回お話を聞く裏方さんは、渋谷の録音スタジオ「MATRIX STUDIO」でミキサー、ラジオエンジニアをされている坂下冬樹さんです。ラジオエンジニアという職業は、初めて聞きました。ラジオ番組でミキサーのお名前が出ることはありますが、実際どのような仕事をしているのか。それでは「向井と裏方」スタートです。

向井　さあ、ということで、ミキサー、そしてラジオエンジニアの坂下冬樹さんに来て頂きました。よろしくお願いします。

坂下　よろしくお願いします。

向井　坂下さん、お見受けしただけでザ・ベテラン、職人という感じがします。このラジオエンジニアという言葉、正直、初めて聞いたんです。ミキサーという言葉は、よくラジオでパーソナリティが「ミキサーの誰々がね」と言うのを聞いたことがあるんですけど。このミキサーとラジオエンジニアの違いは、何ですか？

坂下　ラジオミキサーは、放送内でミキサー卓の前に座ってボリューム調節などをする人のことを総称して言います。エンジニアは、ミキサー卓をいじるだけじゃなくて、放送局にあるマスタールームと呼ばれる心臓部で、ＣＭや生放送ではない録音番組の管理もする人です。

向井　なるほど。ディレクターの方は、そのマスタールームでは仕事をしないんですか？

坂下　はい。そこで仕事をするのは技術部ですね。

向井　普段よく耳にするミキサーという仕事は、放送ブースの外のいろんなボリュームのツマミとかスイッチ、ボタンがバーッと並んでいる卓にいる人なんですね。ミキサーの主な仕事は何ですか？

坂下　役割で言うと、番組の中ではディレクターさんがいわゆる「現場責任者」なんですよ。ミキサーは「音響部門の責任者」とまでは言わないですけど、ディレクターさんのやりたい演出に対して音の分野でサポートをする役割です。

向井　ほうほう。例えば、僕も番組をいくつかやらせてもらってますけど、コーナータイトルを叫んだ時にＳＥ（サウンドエフェクト）が入るじゃないですか。このＳＥはディレクターさんではなくてミキサーさんがスイッチを押して音が出てるということなんですか？

坂下　僕が育ってきた時代は、だいたいミキサーが出していました。ただ、技術の進歩でいろんな音を出せるものができました。なので、たぶん今の現場では、ミキサーさんは音が出てくるボリュームはもう上げて待っていて、ディレクターさんがボタンをいっぱい叩かれていると思いますね。

スタッフの人間関係が音に出る

向井　時代によってミキサーという仕事は変わってきてるんですね。ミキサーさんの仕事のやりがいはどういうところですか？　ミキサーがいないとラジオ番組は成り立たないというのが、なかなかわからないんですけど。

坂下　ディレクターさんがトップなんですけど、自分のところに音のボリュームのスイッチがあるじゃないですか。どんなにディレクターがキューを振ったとしても、このスイッチを上げなかったら音は出ないんだよ、というところですかね。

向井　そこを握ってるのはミキサーだよ、ということですね。

坂下　はい。もちろん、やらないですよ。だけど、ディレクターさんにももうちょっとミキサーとのコミュニケーションをテンション高くやってくださいね、という希望を込めて言っておきます。

向井　ミキサーさんは無音にしようと思ったら、できる立場。重要なポジションですね。

坂下　テレビはどんなに事故ってもまず画《え》で繋ぐじゃないですか。ラジオは音が止まったらおしまいですから。

向井　はい。

坂下　学校で学生によく言うのが、レコーディングのエンジニアさんは録って、後で微調整するじゃないですか。でも、ラジオのミキサーは基本、出演者が喋られている時は、音楽とトークのボリュームのフェーダーを持ったままなんですよ。

向井　ずっと手を置いてるんですね、両方に。

坂下　これは、他の業種の講師たちからも「畑が違う」と言われます。

向井　そんな職業は、他にないと。

坂下　ない。例えばCDデッキからの音を出すのに、ボリュームのフェーダー、つまり操作するツマミを上げたら、デッキが動き出すんですよ。フェーダースタートと言うんですけど、最初僕も感動しました。

向井　そういうお仕事なんだなぁ。

坂下　そこが、僕にとってこの仕事の一番の魅力です。

向井　音だけで勝負するには、ラジオしかないですもんね。そこにプライドと、プロとしての矜持があるんですね。

坂下　はい。それでずーっと続けさせてもらっているので。

向井　ブースの外のスタッフさんの声は僕ら喋り手からは聞こえないんですけど。向こう側で、ディレクターさんとミキサーさんが揉める、みたいなこともあるんですか？

坂下　いや、まぁ、昔は……ね。

向井　ありました？

坂下　合う、合わないがあるじゃないですか。

向井　人間ですからね。ディレクターさんの言い方とかやり方とかで「なんだよ、コイツ……」というような気持ちが出てくることもあったんですね？

坂下　はい。あるけど、それを出しちゃうとどんなにすごい演出をしてても、音がつまんないんですよ。それはもう、放送を聴いててわかるんですよね。大した演出をしなくても音が明るく聴こえる放送もあって、ここのスタッフはうまくいっているんだな、と思ったりもします。

向井　へぇ。

坂下　どんな演出をしてても何かぎこちなさが聴こえてくる音があるんですよ。ここは人間関係がよくないな、とか感じてしまいますね。

向井 音の出方でプロはわかるんだ。それは、ちょっとした間《ま》とかですか？

坂下 間とか、テンポ感も。

向井 普通に聴いている人にはわからないけど、そういうとこに若干出るんだ。

坂下 うん。だから僕も学生には、「仕事と割り切って、好き嫌いを作らないほうが、自分のためだよ」とは言ってます。

向井 はぁ。それはもちろん他の仕事にも言えることだと思いますけど。生放送で、ＳＥのタイミングが遅れるということはもちろんあるわけです。ブースの外ではそういう揉め事のようなことが起こってるんですかね？

坂下 もしくは、テンポ感やその番組に、技術力が足りていないかでしょうか。

二分無音の放送事故!?

向井 ミキサーさんに必要なスキルは何ですか？

坂下 スキルというか、大前提として一応「耳」の仕事なので、プライベートではイヤホンでは音楽を聴かないようにしています。

向井 ええ？ 何でですか？

坂下 必要以上に、大きい音で聴いちゃうじゃないですか。そうすると耳を傷めるんじゃないかと思って。

向井 プロですね！

坂下 いやいや、これはミキサーはみんな、多少なりとも思うことはありますよ。だって、ディレクターさんが気づくノイズに、ミキサーが気づけなかったら、大ショックですから。

向井 音に関しては俺が一番敏感だぞ、と言わないといけない職業なんですね。

坂下　ノイズは聞こえてあげないとダメかな、と。だけど、すみません、もう僕もいい歳なんで、もちろん老化しています。

向井　やっぱり、聴力も落ちるとは思いますけど。

坂下　はい。で、四〇歳を過ぎたくらいから、イヤホン入れちゃいました。

向井　（笑）

坂下　ご時世のもので聴きたくなっちゃいました。

向井　いやでも、それくらいプライドを持ってるというのは面白いですね。

坂下　二〇代の頃はそうでしたね。耳の仕事だって思っていたから。ラジオミキサーで生きていきたいと考えていたので、なるべくマイナス面は排除しようとしていましたね。

向井　でも今まで、いっぱいミキサーの仕事をやってきている中で、ミスもなくはないですよね？

坂下　……もう時効ですよね。ZIP-FM開局当時に、技術の仕事ではシフトで泊まりの勤務があるんですよ。夕方五時半からマスター業務と言われる、ＣＭを流したり、次の日の進行表を確認したりする作業をして、夜九時から夜中一時まで生放送のスタジオに入る。その後の朝までの数時間は録音モノの、マスターであらかじめ登録していたパッケージの音楽が流れる予定でした。

向井　はい。

坂下　生放送が終わって、次の録音の番組がちゃんとスタートしました、というのを確認して、トイレに行ったんですよ。その時お腹の調子が悪くて。放送が始まったのは自分で確認していて、一発目のＣＭも出たらしいんです。それで、そのＣＭの後はまた放送に戻るはずなのに、データがエラーを起こしていて無音で走ってしまったんです。

向井　うわぁ、怖いですね。

坂下　うん。二分くらい、無音だった。今だったらクビです。

向井　トイレから出て行ったら。

坂下　プロデューサーが「坂下君、音、鳴ってないんだけど」って。でも、そういう時ってDJも含めたスタッフがすごいアガるんですよね。「スタジオもう一回立ち上げろ。俺らが繋いでやる」みたいな（笑）

向井　はぁ〜。

坂下　それで勝手に音楽を出したり、喋り始めて。

向井　え？　怒られなかったんですか？

坂下　いやもちろん、ちゃんと報告書とか書きましたよ。「すみません、ちょっとトイレに行っている間に音がトラブってました」と。

向井　いや、すごいなぁ。結構なミスですよね？

（笑）

坂下　はい。データは間違ってなかったんですけどね。予期せぬ機械トラブルがありますね。

アドリブで鍛えられた技術

坂下　かつて東京と沖縄を回線で結んで生放送する企画があって、沖縄に行っていました。インディーズバンドのオーディション番組で、「OLE《おれ》っち」という番組です。FM Yokohamaさん、NACK5さん、bayfmさん三局合同でやっていました。

向井　うん。

坂下　沖縄のアウトレットモール内に、サテライトスタジオが作られて。スタジオの外にちょっとしたステージを作って、バンドに演奏してもらっていました。それで僕、沖縄のスタジオの仕事を住み込みでやってくれと言われて、沖縄へ飛んだんですよ。

向井　沖縄に住むということですか？

坂下　はい。住居を用意してくれました。番組のために沖縄に来たバンドが僕の住んでいるところに寝泊まりしながら、与えられたテーマに基づいて一週間で一曲作る。それで、生放送で演奏を披露するんですよ。

向井 そういう企画なんですか。

坂下 それを四週クリアしたらメジャーデビューできる、という企画だったんです。

向井 なるほど。

坂下 「出演するバンドが決まりました」「沖縄に飛んで来るからピックアップしろ」と言われて。迎えに行って「はじめまして」ですよ。それでもうその夜から、挑戦の間はバンドの人達と同居生活です。

向井 ミキサーとしてはかなり特殊なお仕事ですね。

坂下 特殊ですよ。二三組のバンド、延べ六八人と同居しましたもん。

向井 うわー、すごいですねー!

坂下 あとは、名古屋のDJでドリフが大好きな人がいて。その人は、ピッチを変える声と自分の声とで一人二役で演出するんですよ。バーにいる設定でBG〔バックグラウンドの音〕を流して、会話をする。喋り手の前には、SEが出るサンプラーが置いてあるんです。そこで、扉を開けて外に出るくだりになって、外だからバーのBGをなくさないとダメじゃないですか。

向井 うん。

坂下 そんなの、指示はないんですよ。こっちが音を聴いてBGを消さないといけないんですよ。

向井 一人コントみたいなものに即興で音をあてていくんだ。

坂下 そう。だから、会話に合わせてBGを入れたり、外に出てバーンと扉を閉められたら音が鳴っていたらおかしいからBGを絞らないと、とか。ちゃんと想像してやれよ、と。

向井 それもかなり鍛えられますね。

坂下 そういう人達のおかげで鍛えられましたね。

向井 そんな経験を積んで、今は日本工学院で先生をされている。

坂下 はい。非常勤講師で授業を受け持っています。

向井　音響さん、音の技術さんを目指す方達に教えてらっしゃる。

坂下　その中の、ラジオに特化したコースがありまして。ラジオの授業を教えてます。

向井　どういったことを教えてくれるんですか？

坂下　制作側の先生が別にもう一人いらっしゃいまして。その先生と、技術側の僕がタッグを組んで実習してるんですよ。座学では、企画書のテーマに基づいて、みんなで番組を考えて作っていきます。そのあと、台本、進行表、選曲。ここのコーナーは何をやる？　ネタはどうする？　という段取りを踏んでから、本番の日を決めて収録する。

向井　番組作りをゼロからやる授業もあるんですね。この「向井と裏方」をやっている目の前にいるディレクターも教え子なんですよね。

坂下　はい。だから、先ほど言った段取りを経験して来ているわけですよ。

向井　そこをある程度学ぶと、現場に出てすぐ一人前に仕事できるものですか。

坂下　そりゃ、一人前にはすぐにはなれないですよ。ただ、何が必要かとか段取りを知った上で就職して、現場に行ってもらわないとですよね。

アナログの職人芸がなくなっていく寂しさ

坂下　僕はラジオのミキサーは、生放送と完全パッケージ、両方できてナンボだと思ってるんですよ。完全パッケージは番組開始からノンストップで、全ての声とバランスを入れ込み、ミックスで録音するものですね。今は収録スタジオでも、進行の流れに沿って、音楽も全部出してミックスで録ることってないんですよ。もう完パケする機会がほとんどない。

向井　完パケは疑似生《なま》みたいな感じ。

坂下　そう。編集なしの録音素材。完パケと生放送は、音の出具合も違うんですよ。

向井　ほう。

坂下　音が皆さんのところに届く前に、放送局では最終的にレベルを均一化させます。低い音は持ち上げるし、デカい音は抑える機能があるんです。そういう機能を通して、皆さんには何事もなく届いてるんですけど。でも実際、じゃあそれが上手いミキサーかと言われたら、わからないんです。

向井　はぁぁぁ。機械がよくなればよくなるほど、ミキサーさんの仕事は簡略化されてしまいませんか？

坂下　うーん。それもありますね。

向井　昔は人の手作業でやっていたところが、機械でよくも悪くも自動で調整できたり。それは残念なことですか？

坂下　残念は残念です。ミキサー卓もアナログからデジタルに変わって多少便利になってきているじゃないですか。そうすると、別に僕自身が職人芸とは思っていないんですけれども、アナログ卓のフェーダーの操作でやっていたことが、だんだんなくなってしまうのかな……という寂しさはあります。

向井　そうかぁ。便利になるよさはもちろんあるんですけど、現場で生きてきた人達からすると、そこの調整こそがやり甲斐だったし、そこが楽しいのに、というところもあるんですね。僕も知らない部分がたくさんあって、勉強させて頂きました。喋る側である僕も、ミキサーさんのことを意識しながらこれから喋っていきたいと思います。

〔二〇二一・六・三〕

「作家」へとつづく道

今回は、TBSラジオ「パンサー向井の#ふらっと」や、文化放送「田村ゆかりの乙女心♥症候群」を担当されている構成作家の矢野了平さんです。矢野さんには、テレビ番組の作家さんとしてのイメージが強い方が多いんじゃないでしょうか。特にクイズ番組は、この人がいないと回らないというぐらい、本数を担当されています。文化放送で二〇年近く担当されている番組があるそうなので、その番組についての想いや、お仕事の仕方をお聞きしていきたいと思います。どんな裏方トークになるんでしょうか。それでは「向井と裏方」スタートです。

向井　本日の裏方さんは、構成作家の矢野了平さんです。よろしくお願いします。

矢野　お願いします。

向井　矢野さんには「#ふらっと」の月曜日をご担当頂いているので、生放送で毎週お会いするんですが、収録の合間に「矢野さん、今日のご予定は?」と聞くと、いつもいろんな番組の会議が入っているんですよね。さっきも聞いたら「今

矢野了平

（やの・りょうへい）構成作家。1977年、埼玉県生まれ。「水曜日のダウンタウン」（TBSテレビ）、「マツコ&有吉かりそめ天国」（テレビ朝日）、「嗚呼‼みんなの動物園」（日本テレビ）などバラエティ番組を手がける一方、「くりぃむクイズ ミラクル9」（テレビ朝日）、「潜在能力テスト」（フジテレビ）、「全国高等学校クイズ選手権」（日本テレビ）、「オールスター感謝祭」（TBSテレビ）など多くのクイズ番組を手がける。「佐藤健&千鳥ノブよ！ この謎を解いてみろ」（TBSテレビ）、「今夜はナゾトレ」（フジテレビ）など謎解きブームの陰の立役者でもある。ラジオ番組は「田村ゆかりの乙女心♥症候群」（文化放送）、「パンサー向井の#ふらっと」（TBSラジオ）を担当。

日は少なかったですよ。会議が三本あっただけで」と（笑）。そんなにたくさん会議をやってるんですね。

矢野　レギュラーのテレビ番組は、基本的に週一回の定例会議があるんですけど、それ以外に各担当のディレクターさんと分科会があって。クイズの問題について話し合う会議があったり、特番の会議が入ってきたりして、一週間のスケジュールがすぐ埋まってしまいます。

向井　なるほど。

矢野　特に最近は、全部リモートになった影響が大きいですね。移動がないし、世間話をしなくなったから、会議にかかる時間が短くなった分、どんどん数を入れられるようになっちゃいました。ディズニーランドに行き慣れている達人って、アトラクションを効率的に巡るタイムスケジュールを立てるじゃないですか。僕の会議スケジュールもああいう感じになっています。

向井　パズルみたいになってるんだ。僕が最初に「矢野さんってそういう人なんだ！」と知ったのが、「プロフェッショナル 仕事の流儀」〈ＮＨＫ〉。クイズ作家界の盟友である日高大介さんと一緒に、「人生最高の一問」を作るというドキュメンタリーを観まして、すごく面白かったです。

矢野　ありがとうございます。

向井　その印象もあって、矢野さんにはテレビのクイズ番組のイメージが強くて。「#ふらっと」の作家に矢野さんが入ると知った時には、「えっ、ラジオもやってくれるんですか？」と驚きました。

矢野　ラジオの放送作家さんって、番組を同時にいっぱい担当している方が多いじゃないですか。それに対して僕は、この二〇年近くずっと一、二本で（笑）

向井　それって珍しいんですか。

矢野　珍しいと思います。ラジオをやり続けているとはいえ、いわゆる「ラジオの構成作家さん」と呼ばれるには、ちょっと違うところにいるような感じです。

ラジオ番組のクイズコーナーで賞金稼ぎ！

向井　矢野さんのご記憶の中で、ラジオとの最初の接点はいつですか。

矢野　最初にリスナーとしてハマったのは、中学一年生の時。夜一〇時頃のいわゆる「ヤングタイム」と呼ばれていた時間帯で、ＴＢＳラジオが「岸谷五朗の東京RADIO CLUB」。文化放送は松尾貴史さんの「キッチュ！夜マゲドンの奇蹟」。ニッポン放送は「伊集院光のＯｈ！デカナイト」。その三番組が並んでたんですよ。

向井　矢野さん世代の方のラジオ遍歴には、絶対に名前が出てくる番組達ですね。そのあたりの番組はたまたま聴き始めたんですか。

矢野　どの番組にもクイズコーナーがあったんです。当時はラジオ業界にたんまりお金があった時代で、結構いい賞品や賞金をもらえる番組が多かったんですよ。その頃からクイズ好きだったので、「中高生でも参加できるらしいぞ！」と聞きつけて、クイズに出たりネタを投稿したりするうちに、ラジオ自体にもハマっていきました。

向井　クイズへの参加は電話で？

矢野　まずハガキで応募して、その中からスタッフさんが選んだ出場者へ、夜八時頃に電話がかかってきます。たぶん何人かの出場者候補に電話して、受け答えができるかチェックするんでしょうね。それで出場が決まったら、「後でもう一回電話をするので待っててください」と言われるんです。

向井　それはワクワクしますね！

矢野　めちゃくちゃワクワクしますよ。放送時間中にスタッフからまた電話があって「このまま待っててください」って言われたら、さっきまでラジオで聴いていた音声が、受話器の向こうから聞こえてきて。

向井　うんうん。

矢野　クイズコーナーが始まって、パーソナリティと電話でやり取りしながら問題に答えていくんです。

向井　じゃあ、その時に伊集院さんと喋ったりとか……？

矢野　さっき名前を挙げた三番組には、全部出ています。

向井　全部！（笑）

矢野　その他にも、クイズコーナーがある深夜番組にはいくつか出ましたね。

向井　それだけの数に出られたのって、何かコツがあったんですか。

矢野　ありました。

向井　えっ！　何だったんですか、選ばれるコツ。

矢野　当たり前ですけど、スタッフさんとの電話の段階で、やり取りが面白くないといけないんですよ。だから、スタッフさんから絶対に聞かれるであろう、クイズに出場したい理由や、賞金が必要な理由を事前にきっちり考えておくわけです。「夏休みに遊びに行くためのお金が欲しいです」では、インパクトが弱くて選ばれない。

向井　うんうん。

矢野　例えば、うちの高校の部室でちょっとしたボヤ騒ぎが起きたことがあって。そういう時に、「これはチャンスだ！」と思うんです。「柔道着が焦げちゃったから、それを買い替えたいです」って、オリジナリティのある話になるじゃないですか。

向井　すごいですね（笑）。「これ、利用できるな」っていう視点をその頃から持ってたんだ。

矢野　身の回りの出来事をちょっと盛ってハガキに書いて、スタッフさんから電話があったら、そのやり取りの中で何とか面白く話を膨らませる。そんなことをクイズの勉強と並行しながらやっていました。

向井　ラジオ番組にそれだけ出たってことは、賞金も結構稼いでたんですか。

矢野　もらった賞金や旅行券を全て金額に換算すると、中高生の六年間で一〇〇万円ぐらい稼ぎましたね。

向井　すごっ！

クイズきっかけで構成作家の道へ

向井　学生の頃、将来の進路については何か考えていたんですか。

矢野　まだ何も考えていませんでしたね。

向井　構成作家という仕事に進んだきっかけは……？

矢野　大学時代、「高校生クイズ」〈「全国高等学校クイズ選手権」日本テレビ〉の問題を作るアルバイトをしていて、番組のプロデューサーさんに可愛がってもらっていたんです。それで四年生の五月頃に、また作ったクイズを持っていったら「大学を卒業したら何するんだ？」って聞かれて。当時は居酒屋でもバイトをしていたので、「その店で正社員になろうかなと思ってます」と答えたら、「お前、番組の構成作家になれ」と言われました。そこで、「高校生クイズ」の構成と問題制作を担っているCAMEYO《カメヨ》という事務所の社長を紹介されて、面接を受けて採用してもらったという流れです。

向井　それで入ったんですか。

矢野　はい。ただ当時は、構成作家の仕事について何もわかってなかったんですよ。面接で合格をもらったその足で本屋さんに行って、「構成作家ってなんだろう？」って調べたくらいに（笑）

向井　何をする仕事なのか、本当に知らなかったんですね。

矢野　「やってみてダメなら、それでもいいや」という気持ちで入りました。

向井　最初に作家として入ったラジオ番組は何ですか。

矢野　それ以前も、ラジオ番組のクイズコーナーで問題制作を担当してはいたんですが、構成作家として個人で任されたのは「スタチャ情報発信番組　ホレぼれ。」〔文化放送〕が最初です。キングレコードにスターチャイルドというアニメ関連のレーベルがあって、その情報を発信する、声優さんがパーソナリティの番組でした。最初はうちの事務所の先輩が作家として入り、僕はサブとしてお手伝いしていたんですけど、うちの先輩とディレクターが方向性の違いで揉めてしまって。上層部の判断は、喧嘩両成敗で両方クビ。

向井　おぉ、珍しいパターン。

矢野　先輩がいなくなっちゃったので、残った僕と新しいディレクターさんとで、それ以降を続けていくことになりました。僕は正直、アニメをほぼ観ないし、声優さんのことも知らなかったので、当時やっていたアニラジを聴いたり、事務所の先輩に相談したりしながらの手探り状態でしたね。新しいディレクターさんはバラエティ的なことが好きな方だったので、アニラジっぽさをあまり意識せず、色々と四苦八苦しながら楽しくやっているうちに、番組も盛り上がっていきました。

向井　愛される番組になっていったんだ。

矢野　結果的に「ホレぼれ。」は一年ぐらい続いて。今考えたら短く感じますけど、当時はワンクールや半年で終わると思ってた番組が一年も続き、パーソナリティの子たちがユニットを組んでCDデビューしたり、ライブをやってお客さんがいっぱいになったりと、想像以上の広がりがあった番組でしたね。

向井　そうなったら「矢野が作ってる番組はいいね」と周りからも思われますよね。

矢野　その流れで、文化放送の声優さんの番組をいくつかやらせてもらうようになりました。

田村ゆかりのラジオで、構成作家の動き方を学ぶ

向井　田村ゆかりさんとの付き合いが長いじゃないですか。タイトルを変えたり、何年かやってない時期もあったりですけど、ざっと二〇年近く。

矢野　そうですね。二〇〇三年の番組〔「田村ゆかりのいたずら黒うさぎ」文化放送〕からやっているので。

向井　最初の田村さんとの出会いはどうだったんですか。

矢野　僕が「ホレぼれ。」を一人でやるようになった頃、「田村ゆかりという声優の番組がリニューアルするから、そのタイミングで作家に入らないか」と声をかけられました。当時は彼女がどんな声優かも知らなかったんですが、僕も若手でしたから「とりあえずやってみよう」と。文化放送の会議室で最初の顔合わせがあったんですが、どよーんとしてました。

向井　そうなんですか。

矢野　彼女としては前の番組の形で頑張りたかったから、リニューアルが残念だったそうなんです。

向井　田村さんとしては、気持ちの整理がまだついてない状態で。

矢野　初めて会うので人見知りもするし、僕もよくわかってない状態で来ているし。

向井　お互いに歩み寄る気がない感じの初対面だ。

矢野　「大丈夫かなぁ……」と思って打合せを始めたら、事前に考えてきた番組タイトル案を彼女に全て却下されまして。

向井　前番組が終わることに、田村さんとしても複雑な想いがあったんでしょうね。

矢野　「やりづらいなぁ〜」と思いながらのスタートでした（笑）

向井　当時はここまで番組が続くとは、思ってなかったわけですよね。

矢野　もちろん思ってないです。

向井　矢野さんから、田村さんと距離感を近づけられるようなアプローチはしたんですか。

矢野　もちろん、企画を色々出したりはしましたけど……。単純に、時間が解決していった部分が大きいかもしれないですね。

向井　番組をやっていくうちに。

矢野　ゆかりんはラジオの経験値が高かったので、喋りながら、僕の手元からメールをサッと取っていったりするんですよ。そうやって毎週ブースに入って一緒に仕事をしているうちに、

「こんな時は、彼女の動きに僕がついていけばいいんだな」「前もってこれを準備しておくべきなんだな」と、作家がやるべきことがだんだん見えてくるんです。ラジオでの構成作家の動き方については、この現場での経験がとても勉強になりました。放送回数を重ねると徐々に言葉も交わすようになっていって、料理をする企画があったり、ロケで湘南まで行ったりもしたなかで、次第に仲良くなっていきましたね。

向井　経験を積むにつれて、田村さんのパーソナリティとしてのすごさも、よくわかってきて。

矢野　当時はそれが当たり前のように感じてましたけど、彼女は放送開始当初から番組の長さに合わせて喋る、いわゆる「完パケ録り」ができていたんですよ。それから、「今週は何も喋ることがない」と言いながら、その状態で一五～二〇分くらいトークができちゃうのもすごい。

向井　収録にしろ生放送にしろ毎回同じ時間に録るから、もちろん話すことがない日が出てきちゃう。そういう時にこそ、パーソナリティの実力が出るんですよね。

矢野　彼女の場合、コンサートツアーを控えているリハーサルの時には、リハに行くか合間で寝ているかしかやってない。ツアーの中身もまだ言えない。そうなると、喋れることが何もないっていう状況があるんですよ。そんな時も、例えば「お取り寄せで冷凍庫がいっぱいになった」みたいな、ちょっとした話で二〇分ぐらい喋れてしまう。

向井　そういう話を面白く喋れたら最強ですよ。

矢野　本当にそうなんです。もちろんそれは、リスナーさんとの関係性をずっと築き上げてきたからこそできることだと思いますけどね。

クイズで培ったのは「情報の取捨選択力」

向井　そして現在、矢野さんには「#ふらっと」の月曜日を担当して頂いています。これまでに矢野さんがクイズで培ってきた経験やスキルって、クイズ以外の番組を作る時にも、どこかの場面で活きてくるものですか。

矢野　「情報をどう扱えばキャッチーか」という考え方は、クイズを作ってきたなかで鍛えられてきたと思います。クイズって問題と答えだけじゃなくて、解説も作らなきゃいけないですよね。でも、番組で一問あたりに割ける時間は限られているから、一から十まで説明できないじゃないですか。だから、「この要素を押さえて解説すれば、感心してもらえるな」という、情報の取捨選択が大切になってきます。

向井　なるほど。

矢野　例えば「#ふらっと」にも、「この商品のどこを紹介したらいいだろうか」と情報を取捨選択する場面があるので、それはクイズの解説作りに似ているかもしれないです。

向井　知的好奇心をいかに刺激するか。そのツボを見つける時に、クイズでやってきたことが活きているんですね！　面白いなぁ。

〔二〇二二・八・一九〕

弁当屋から一夜で
ラジオスタッフへの軌跡

おおくまみなみ

本名、大隈みなみ。ラジオディレクター。1989年生まれ、福岡県北九州市出身。17歳でお笑い芸人を目指し上京。22歳から個人経営のお惣菜店で雇われ店長として働き始める。25歳の時にラジオの世界に誘われたことをきっかけに、現在まで音楽番組を中心に制作している。

今回の裏方さんは、ディレクターのおおくまみなみさんです。TOKYO FMで九年間放送されていた午後のワイド番組「シンクロのシティ」でラジオ業界デビューを果たし、現在はJ-WAVE「POP OF THE WORLD」、NACK5「キラスタ」などFM局を中心に担当されています。以前この番組に来てくださったためがねちゃんこと長沼けい子さんとも繋がりがあって、さらにはラジオ業界に入ったきっかけもかなり変わったものなので、そのあたりを色々聞いてみたいと思っております。どんな裏方トークになるんでしょうか。それでは「向井と裏方」スタートです。

向井　ディレクターのあじむさんこと、おおくまみなみさんです。よろしくお願いします。

おおくま　よろしくお願いします。

向井　まず、あじむ〔語尾を上げる〕さんなのか、あじむ〔語尾を下げる〕さんなのか、どちらが正しいですか？

おおくま　本当はあじむ〔語尾を上げる〕です。私の親戚が大分県の安心《あじ》院《む》町というところにいるので、それをラジオネームにして。

向井　町の名前が由来なんですね。

おおくま　はい。私自身は福岡県の北九州市で、もうほんとすみません、って町で。

向井　なかなか香ばしいというか。

おおくま はい、なので言いたくなくて（笑）。それで、安心院レペゼンみたいな感じで生きてきたんです。

向井 なるほど。ところで今回番組に出て頂くにあたって、色々葛藤があったようで。

おおくま まだこの業界に入って六、七年のぺーぺーなので、「私なんかが何を喋るんだ」って自意識に襲われて……。

向井 いろんな人の顔がチラついたりして。

おおくま リアルにあの人とかあの人の顔がチラついて。

向井 この番組に来てくださるゲストの皆さんは「自分なんか……」って思うタイプの方が多いかもしれないですね。

おおくま と同時に、「自分なんかがこんな仕事を断るなんて」って気持ちも出てくるし。

向井 そっちも出てくるんだ。でも、何とか受けて頂いて。この番組はいろんなポジションの裏方さんにお話を伺っていますが、おおくまさんの場合はラジオの業界に入ったきっかけがとても面白いですよね。

おおくま そうですね。聴いている方に生きる勇気を感じてもらえる話というか。

向井 そんな風に大風呂敷を広げたら、「自分なんかが生きる勇気を与えるなんて」ってまた苛《さいな》まれますよ（笑）

おおくま ああ、そっか。間違えました。

向井 自分がこの業界に入ったきっかけを、同じラジオ好きの人たちにも伝えたいってことで大丈夫ですか？

おおくま はい、そうです。ありがとうございます（笑）

泣きながら野菜を刻む日々

向井 ラジオの業界に入る前には、お惣菜屋さんで働かれていたとか。

おおくま はい。代田橋駅から徒歩三〇秒のところにあった、惣菜とお弁当を売るお店で雇われ店長をしてました。

向井 おお、店長を。

おおくま 店長とは名ばかりで、私しかいないんですけど。

向井 えっ、一人で？

おおくま はい、従業員は私のみで。

お弁当作りはオーナーとアルバイトの方も手伝ってくれてたんですが。

向井　毎日どれくらいお弁当を作るんですか？

おおくま 三人で毎日二〇〇個くらいですね。

向井　はぁ～、多いですね。

おおくま 作ったお弁当を佐川急便の人が使ってるような台車に入れて、それを走って持っていくっていう。行商みたいな感じですね。

向井　大変そうですね。

おおくま 一人だし、本当に大変でした。

向井　そこで働きながら、ラジオを聴いていたと。

おおくま そうなんです。朝から晩までずっとラジオをつけていて、その中でも一五時から始まる「シンクロのシティ」〔TOKYO FM〕が特に好きで。「シンクロ」は私に語りかけてくれるような番組だったんです。

向井　大変だった時期を支えられていたんですね。

おおくま 泣きながら野菜を千切りしてました。

向井　大変だ（笑）。そんなにキツかったんですね。学校生活や仕事がしんどい時に「ラジオがあってよかった」って思って、それからラジオを習慣的に聴き始める人はいっぱいいると思います。おおくまさんの場合は、それが「シンクロのシティ」だったわけですね。

おおくま そうなんです。「シンクロ」は定期的にリスナーと交流する番組で、その交流会に勇気を出して一人で行ってみたら、パーソナリティの堀内〔貴之〕さんが話しかけてくれて。その時に自分がいつもどんな環境で番組を聴いているのか話したら、この番組にはメールテーマには関係のないことでも、毎日手紙のようにメールを送ってくる方がいるよって教えてくれたんです。「ラジオってそんなことをしてもいいんだ」って驚いて、私もそれから堀内さんへの手紙のようなメールを毎日送るようになりました。

向井　テーマには特に関係なく、手紙のように送ったと。

おおくま 基本的にはテーマに絡めて書くようにしていたけど、番組内で紹介されるために送ってるわけではなかったですね。

向井　ちなみに、堀内さんは全部のメールに目を通すんですか？

おおくま これは後に「シンクロ」のスタッフになって知ったことですが、リスナーの気持ちがこもったメールは、ＡＤさんが必ず堀内さんに渡しているんですよ。そういう気持ちでやってる番組なんだなってわかりました。

番組パーソナリティが突然スカウトに来た！

向井 惣菜屋さんからどのタイミングでラジオの仕事を始めることになるんですか？

おおくま その頃私は二〇代前半だったんですが、本当に毎日毎日朝から晩まで一人で働いて普通にしんどいし、「私、このままこの仕事だけで終わっていくのかな」みたいな気持ちにもなっていって。それで、とりあえずオーナーにお願いして、少しお休みをもらうことにしたんです。

そのためにしっかり準備して引き継ぎして、さあ今日で最後だって日が、実は「シンクロのシティ」が一度終了した日〔二〇一五年九月末〕と同じだったんです。

向井 えーっ、すごい偶然。

おおくま そうなんですよ。なのでそのことを番組にメールしたんです。そしたら、「これも何かの縁だから」ってことなのか、堀内さんがリスナーを一〇人くらい引き連れて当時私が働いていた店に来て、「明日会議なんだけど、来れる？」って。

向井 えっ、いきなりですか？

おおくま いきなりでした。

向井 すごい！ それで次の日、会議に行ったんですか？

おおくま 行きました。飲茶セットを一式持って。

向井 なんで飲茶を？（笑）

おおくま 手土産がないのも失礼かなと思って。なんで飲茶にしたのか、今となっては疑問ですけど（笑）

向井 その会議には何人くらいの方がいたんですか？

おおくま 番組スタッフが全員いたので、一〇人くらいだったと思います。でもこれ、正直今だから言えるんですけど、リスナーを突然会議に連れてきた堀内さんに対して、スタッフの半数くらいはちょっと怒ってたんですよ。

向井 「こっちもプロでやってる

のに、いきなりちょっと困るなぁ」って方もいらっしゃったんだ。

おおくま はい。今の私でも怒ると思います。

向井 そういう空気を感じて、どうしたんですか？

おおくま それでも頑張ろうって気持ちがあったし、スタッフの方も徐々に「まあ、受け入れていくしかないか」っていう感じになっていって。

向井 当時のお給料面についても聞いていいですか？

おおくま お惣菜屋さんに比べると、ラジオの仕事のほうがお給料はよかったです。最初の頃は「あ、こんなにもらえるんだ……」と感動しました。

向井 じゃあいきなりラジオの業界に入って、ちゃんと食べられるようにもなったんですね。

おおくま お洋服とかもちょっとだけ……。

向井 ちょっとだけいいものを着れるようになって（笑）。夢があります。好きなラジオの業界に運よく入っても、下積みとか大変な時期が長い人もいるけど、おおくまさんの場合はわりとスッと。

おおくま 前の職場のほうがもっと大変だったし、プレッシャーも大きかったので。

向井 それにしても、急にお惣菜屋さんに来て翌日の会議に誘うって、パーソナリティの堀内さんのフットワークの軽さ、リスナーとの距離の近さに驚きました。おおくまさんから見た、堀内さんのパーソナリティとしての魅力を教えてもらえますか？

おおくま なんかもう、そのままなんですよね。何だろう、自分の中にあるものを常に大放出してる。だから、堀内さんが喋ってるのを聴くと、涙が出てくるんですよね。

向井 すごい。

おおくま 熱い話をしていると、こっちにも熱い気持ちが移ってきちゃうんです。

向井 それはスタッフになる前、リスナーの頃からですか？

おおくま そうですね。スタッフになってからは一緒に会議に出たりして、そうするとやっぱり堀内さんって感情的だし、結構メチャクチャなことを言うんですよ。正直「今、振り回されてる！」って思う瞬間もあるにはあるけど、それ以上にリスナーに届くものがすごくある。だからスタッフも、「堀内さんだから、もうしょうがない。やるわ」って。

向井　信頼がめちゃめちゃ厚い。さっきも話が出ましたが、一度終わることが決まっていた番組なんですよね？

おおくま　そうなんです。

向井　それがどうして続くことになったんですか？

おおくま「終わらせないで」っていうメールがリスナーからたくさん届いたんです。

向井　そういうのって、他の番組でもあるにはあるじゃないですか。でも、リスナーの声で終了が覆ることがあるんですね。

おおくま　それ以外にもラッキーな偶然が色々重なった感じですが、リスナーの声が何より大きかったと思います。

向井　なかなか聞いたことのない話です。でもそれは、堀内さんの思い、普段喋ってることがリスナーに届いていたからでしょうね。

おおくま　リスナーに対しての寄り添い具合がすごいし、嘘がないので信頼できるというか。

向井　信頼できるって、ラジオのパーソナリティには大事な要素ですよね。

一杯飲んだらインタビューできるはずが……

向井　急に会議に参加されてからは、どんなお仕事を？

おおくま　最初は、街頭インタビューですね。

向井　出役をされたと。聞くところによると、ちょっとお笑いを志していた時期もあるとか。

おおくま　そうなんです（笑）

向井　出役をしてみたい気持ちもあったんですね。

おおくま　だけど、やっぱり自意識が……。

向井　ねえ、闘うんですよね、自意識と。

おおくま　一七歳くらいの時に、よしもと福岡のオーディションを受けに行って。

向井　おお、それは一人で？

おおくま　はい。

向井　何をやったんですか？

おおくま ピンネタを……。でも本当に、本当にうまくいかなくて……もう本当に……。

向井　そんなに（笑）。でもまあ一応、インタビューをする出役も「絶対にやだ！」ってわけでもなく？

おおくま そうですね。嬉しいしもちろんやりたいけど、当時は若かったので今以上に自意識が……。でも、インタビューはもう数えきれないくらいしてきましたね。

向井　印象に残っている回はありますか？

おおくま「ラブレターを書いたことがありますか？」ってテーマでボイスを収集しに行って、あるおばあちゃんにインタビューしたんです。そしたらラブレターの話をたくさんしてくれた後に、「ああ、思い出せてよかった。ありがとう」って泣きながら感謝してくれて。この時のことは今でも脳裏に焼き付いてます。

向井　ずっと思い出さなかったたかもしれない話を引き出したわけですよね。インタビュアー冥利に尽きる話ですね。

おおくま この回はリスナーさんからの反響も大きかったですね。

向井　逆にうまく行かなかった思い出はありますか？

おおくま あります。「この街が愛されている理由を教えてください」ってテーマで、新宿のゴールデン街に行ったんです。

向井　なかなかクセの強い街ですよね。

おおくま あるお店でインタビューの趣旨を話して、「一、二分でいいのでお話聞かせて頂けませんか？」ってお願いしたら、「一杯飲んだらいいよ」って。お酒は結構強いほうなので、一杯くらいだったらいいやと思って飲んで。それで「飲んだのでお話聞かせてください」って頼んだら、「いや、もう一杯飲まないと」って。

向井　一杯だけでは足りないと。

おおくま ただ、向こうの人も嫌な感じではなくて。口がうまくて乗せてくる感じだったので、私も負けん気が出てきちゃったんです。「次は絶対ですよ～」とか言いながら、乗せられるままに何杯も飲んで、気づいたら朝になってました。最初の一杯からなんだかんだで五、六時間経ってて。

向井　もうベロベロですよね。

おおくま　ベロベロで、声を録れるような状態じゃなくて。そのお店の人と一緒に、ゴールデン街の脇にある定食屋で朝ご飯を食べたのを覚えてます。

向井　それで結局、何か録れたんですか？

おおくま　いえ、翌日にもう一度ゴールデン街に行くことになりました（笑）

パーソナリティに恋してる

向井　その後「シンクロのシティ」は二〇一九年に終了していますが、それ以外の仕事はどうやって広がっていったんですか？

おおくま　「シンクロのシティ」のプロデューサーさんが、spice jamっていう制作会社の前田（章太郎）さんという方で、ある時酔った勢いで前田さんから「あじむ、『ラブコネ』好きでしょ？　ADやらない？」って誘ってもらって。「ラブコネ」（「LOVE CONNECTION」）は、「シンクロ」と同時期にやってたTOKYO FMの番組で、同じくらい好きだったんです。

向井　ラッキーですねぇ。にしてもなんなんですか、あなたの周りの酒呑みの大人たちは（笑）

おおくま　酒呑みの大人たちはどんどん誘ってきます。「この子を誘ったら面白そう」って思われたもん勝ちかなって。暗い雰囲気だけ出さなければいいのかなと思います。

向井　それで、「ラブコネ」のADさんとしてはどんな仕事を？

おおくま　ADの仕事は、パーソナリティのテンションやモチベーションを保つことだと思ったので、ずっと笑ってました。

向井　パーソナリティの人が気持ちよく話せる環境作りですね。

おおくま　メールを読んだり、資料をチェックしたり、細かい仕事ももちろんあるけど、メインは環境作りのほうかなと思ってます。

向井　あとは、他局の仕事もされてますよね。

おおくま　はい。J-WAVEでもお仕事させてもらって。

向井　以前出て頂いた長沼けい子さんと一緒の番組ですね。

おおくま　「POP OF THE WORLD」

です。

向井　番組の中で長沼さんの英語がリスナーさんからすごく好評だったと聞きましたが（笑）

おおくま　長沼さんは、本当に英語が覚えられないんですよ。何回インタビューしても、「Why?」って聞くところで「What?」って言っちゃう。それだとちょっと怒ってるみたいなニュアンスになるから、耳元でこそこそ「Whyです」って教えるんだけど、長沼さんがすごい笑ってるので、外国人の方もわかってくれるっていう。

向井　そういうフォローもしていたんですね（笑）。今は他にも番組を？

おおくま　NAC5の番組も担当することになりました。「キラスタ」って番組で、本当に最近就かせて頂くことになったので、まだパーソナリティの方ともお会いできていないんですが。

向井　すごい、どんどん増えて。

おおくま　あとはAuDeeでも四つの番組でディレクターをやらせてもらってます。

向井　全部合わせるといくつの番組に携わっているんですか？

おおくま　今は全部で一〇本くらいです。

向井　そんなに！

おおくま　いろんなお誘いに「あっ、やります！」って答えてたら、いつの間にかめっちゃ増えてた、みたいな感じで。

向井　作家さん、ADさん、それで今はディレクターさんのお仕事もされて、いろんな立場でラジオに関わられていますが、この先は特にどの立場でお仕事していきたいですか？

おおくま　どの仕事も本当に楽しいけど、やっぱりディレクターの仕事が一番好きですね。

向井　その理由は？

おおくま　まず選曲が楽しいです。あとは、昔からリーダーになるのが好きで。

向井　自意識が強いけど、リーダーにはなりたい（笑）

おおくま　そうなんですよ。自分の中に二人いるというか。

向井　人間は矛盾を抱えるものですからね。でも一〇本も番組を抱えていたら、かなり忙しくないですか？

おおくま 忙しいは忙しいけど、暇だと怖いんですよね。あと、仕事を始めるとハイになっちゃうところがあって。

向井　とは言えお惣菜屋さんの時は忙しくて、心が折れちゃったわけじゃないですか。

おおくま ラジオの仕事はたくさん詰め込んでもキャピキャピできるんですよね。パーソナリティの皆さんのことを「恋かな?」ってくらいに好きなので。だから、惣菜屋さんの時とは辛さの質がちょっと違いますね。

向井　お話を聞いてみて、ラジオの仕事をしてみたい人からすると、理想的な流れだと思いました。

おおくま 夢を持って明るく常識的に生きていれば、誰かが拾ってくれるってことを伝えたいです。新卒じゃないと入れない業界というわけでもないですし。あとは、大声を出すことですね。

向井　大声ですか?

おおくま「ラジオ好きなんです!」「この番組が好きです!」って色んな人に言い続けるのが大事かなって思います。

向井　確かに。それが仕事に繋がってきたおおくまさんから聞くと、説得力がありますね。

〔二〇二一・一〇・二九〕

15歳の俺とハイタッチ

東海林 靖

（とうかいりん・やすし）
１９７３年、山形県生まれ。27歳でラジオの仕事につき、以後TOKYO FM、ＪＦＮ、J-WAVE、interfm、ニッポン放送、ＴＢＳラジオ、文化放送などで番組を担当。他にPodcast制作やイベント制作なども手がける。現在の担当番組は「SPITZ草野マサムネのロック大陸漫遊記」〔TOKYO FM〕「GRAND MARQUEE」「auFG LIFETIME BLUES」〔以上、J-WAVE〕、「Find Your Colors with TOKYO RAINBOW PRIDE」〔interfm〕、「西川あやの　おいでよ！クリエイティ部」〔文化放送〕他。spice jam所属。URL https://spicejam.tokyo

僕は昔から芸人のラジオをよく聴いてきたのですが、アーティストの番組も好きで、特にファンクラブにも入っていた「ゆずのオールナイトニッポン」は毎週聴いていました。本日お迎えするのは数多くのアーティスト番組を手がけてきた裏方さん、ディレクターの東海林靖さんです。現在は東京をはじめ全国三八局で放送する「SPITZ草野マサムネのロック大陸漫遊記」を担当されています。芸人と比べると、長いお喋りを聴く機会が少ないこともあって、ギャップを楽しめるのもアーティスト番組ならではの魅力ですよね。そんな番組を手がける裏方さんはどんな人なのでしょうか。それでは「向井と裏方」スタートです。

向井　東海林さん、よろしくお願いします。

東海林　いやぁ、打合せでもちょっと話しましたけど、本当にすごいプレッシャーですよ。今まで名だたる方達がお話ししてきて、皆さんお話が上手でしょう。で、僕が最初のＦＭかつ、最初のラジオディレクターですから。

向井 ラジオの人、繊細でめんどくさいなぁ。

東海林 レペゼン〔代表〕してるわけですから、聴いている人は「これがＦＭのラジオディレクターなんだ」と思う訳じゃないですか。そのプレッシャーですよ。

向井 こんだけ喋れれば大丈夫でしょう（笑）。東海林さんと言えば、ＦＭだけでなく、ＡＭラジオでもおなじみの方が多いと思います。ＴＢＳラジオ「週末ノオト」〔二〇二二年三月終了〕も担当されていますし、同じくＴＢＳ、「問わず語りの神田伯山」〔二〇二〇年九月一一日放送〕で「笑い屋」もされたり。

東海林 そうなんですよ。

向井 色々と聞きたいですが、そもそも東海林さんがラジオ業界に入ったきっかけは？

東海林 普通でしたら、大学を卒業して放送局の社員になるだとか、専門学校から制作会社に入るパターンが多いんですが、僕はずっと無職で。

向井 いくつぐらいまで？

東海林 二七までかな。

向井 結構ダメな人だ。

東海林 ＴＶＫ〔テレビ神奈川〕観てたら四年ぐらい経っちゃってて。

向井 ＴＶＫ観ててそんなに経たないでしょう。

東海林 無職の時、映像関係の方に、丁稚《でっち》のような感じで世話になっていて。その方に「お前、ちゃんと映像やるか？」と聞かれた時、なぜか、「いや僕、ラジオやりたいんです」って答えたんです。「しょうがない、じゃあ紹介してやるよ」と、interfmのディレクターを紹介してもらいました。その方には空きがなかったんですが、たまたま隣にいた構成作家さんが「俺のとこに来る?」って。そこからTOKYO FMの「やまだひさしのラジアンリミテッド」に携わるようになりました。

向井 そこで「ラジオやりたい」って言ったのは、もともとお好きだったんですか?

東海林 ラジオは本当に好きで。僕は山形生まれで、小学校の同級生が八人しかいない超ド田舎で育って。夜は本当に真っ暗で、虫の音は聞こえるけど、人が生きている気配がまったくないんです。そういう場所で、孤独に押しつぶされそうな時、やっぱりラジオって特別だった。

向井 孤独を救うのがラジオですからね。

東海林 そう。それで、山形って日本海側だから、大陸の電波のほうが強くて、昼間は山形までAMの電波が届かないんですけど、夜だと入るんですよ。大陸の電波に邪魔されながら、向きを変えたりアンテナ触ったりして、ニッポン放送に合わせて。

向井 それ、僕もやっていました。周波数を1242(kHz)になんとなく合わせたりして。

東海林 ラジオを聴きながら、一人じゃない、って感じてたのはすごく大きいです。

ビビんないOKAMOTO'S

向井 そこからディレクターデビューして、いろんな番組に携わっていくことになるわけですよね。東海林さんはどういった方達を担当されてきましたか？

東海林 最初は「ラジアンリミテッド」の番組内のコーナーで、L'Arc~en~Cielの「FLYNG ~L'arc~ATTACK」を。あとはGLAYの「GLAY RADIO COMMUNICATION」という番組につかせてもらいました。

向井 当時、僕は中学生でしたが、超聴いてましたよ。とんでもない人気でしたよね？

東海林 とんでもない人気で、とんでもない量のファックスとハガキが届いてました。そこから、Do As Infinityやって、ORANGE RANGEやって。

向井 僕ら世代どストライクです。

東海林 それから、いきものがかり、UVERworld、ケツメイシ、Fantastic Plastic Machine、m-flo、RIP SLYME、OKAMOTO'Sなどをやって。

向井 すごい人たちをやってるな……。今まで手がけられてきたアーティストの方で、この人達のラジオ観、いいなあ、と思ったのは？

東海林 今もやってますけど、やっぱりOKAMOTO'S。全員器用です。

向井 どういうところで感じますか？

東海林 自分の考えをしっかり持っていて、バランス感もある。コミュニケーションスキルも高くて、どんなゲストの方が来ても、自分の言葉で喋れるし、ビビんないんですよ。

向井 あぁ、ビビんない。

東海林 年上の人とかが来ても、緊張する感じがない。

向井　ビビんないのは、大事なことですよね。僕なんかもう逆で。やっぱ先輩とか来ると、「うわあ」って思っちゃう。

東海林　変な敬語になっちゃったり。

向井　で、喋ってる時に、「こいつ面白くないこと聞いてきてるな」とか思われてたらどうしよう……」とか頭を巡り始めて。汗でダクダクになったりして。

東海林　って普通はなるんですけど、彼らはゲストの回しとかも上手いんですよね。

スタッフ陣も気合いが入る「ロック大陸漫遊記」

向井　いい意味でリラックスしているんですね。東海林さんはスピッツさんの「ロック大陸漫遊記」も担当されていますね。これはどういう経緯で？

東海林　もともと企画を進めていた構成の方がいて、ディレクターとして僕を指名して頂いた形なんです。これも運がよくて、エレベーターホールでその人と会った時に、「最近どうなの？」と聞かれて、「最近、超ヒマこいてますよ」と言ったら、「じゃあ、やる？」って話が来た。

向井　ラッキーだなあ！

東海林　「えっ！　喜んで！」と。

向井　「ロック大陸漫遊記」の番組としての方向性は？

東海林　基本的にはもう草野さんご自身でやりたいことをやってもらう。選曲も草野さんご自身で毎回選曲していますし、基本的には選曲番組なので。毎回草野さんがテーマを決めて、それに合わせて選曲をし、メッセージも選んでいます。

向井 草野さんのパーソナリティとしての個性や特徴は、どういうところにあるんですか。

東海林 草野さんはすごく丁寧で真摯な方なので、ちゃんと準備してくれて。

向井 はあ〜。

東海林 先に入って、台本にも書き込んでいるんです。ご本人もよく言われてるんですけど、草野さんはライブのMCもある程度準備しておいて喋るらしいですよ。その場の勢いではなく。

向井 草野さんぐらいの方がそれすると、やっぱりスタッフ陣も気合い入りますよね。

東海林 ねえ、こっちもちゃんとしなきゃって。

向井 これだけまっすぐぶつかってくれてるんだったらってね。

普通から外れているのがアーティスト

向井 アーティストさんの番組を多く担当される中で、大変なことはありますか。

東海林 まずはスケジュール。ツアーが始まると、戻ってこないこともあるので。

向井 そういう時は？

東海林 行っちゃうのは手ですね。例えばORANGE RANGEをやっている時は、基本沖縄だったんですが、当時はお金があったんで、「じゃあちょっと沖縄行っちゃいます」と。

向井　行けたんだ！

東海林　朝一で空港に行って、彼らは那覇ではなく沖縄市のコザという場所に住んでるから、レンタカー借りてコザまで行って、録ってそのまま帰ってくる。一泊ぐらいしたいのに……。

向井　日帰りなんですね、そこは。

東海林　日帰りですね。これは伝説ですけれども、九〇年代に、本当にイケイケだったあるグループのディレクターをやってた僕の先輩は、ハワイに呼び出されたそうです。

向井　ラジオのためだけに？　最高じゃないですか。

東海林　最高ですよ。二〇〇〇年代ぐらいまではあったんですよ。これがね。

向井　今はもうありえない？

東海林　ほら、今はもう、リモートで録れちゃいますし。しかも、アーティストの方はいいマイクを持っていますから。

向井　なるほど。ハワイ行きたいのに。

東海林　行きたいのに。あとアーティストさんによっては、やはりテンションの波がある。

向井　そこが僕、一番気になってて。やはりアーティストさんって、それこそ繊細だから、ノッてない時もありますよね。芸人だったら無理やりスイッチを入れますけど。

東海林　朝、来た時から「あれ？」ってなる時はありますよ。

向井　今日、ちょっと、ご機嫌ナナメかな？って。

東海林　こっちも明るく、「おはようございまーす！」「どーもー！」ってやるんですけど、それでも、あれっ？ という時はある。そこはゆっくりゆっくり時間をかけて。待ちますね。少しフリートークして、柔らかくしたり。事と次第によっては中身を変えることもあります。

向井 その……誰が難しかったですか？（笑） 言える範囲で！

東海林 えーっとね、誰とは言いませんけども、実際にあったのは、収録中に泣く。あとゲストに来た方が怒る。

向井 （笑）。怒ったのは何がきっかけなんですか。

東海林 パーソナリティの聞き方がちょっとよくなかったのか、「はあ？」と怒って。

向井 その時、東海林さんができることってあるんですか。

東海林 謝る（笑）。「すみませんでした！」って。「こえ〜っ」て思いながら。

向井 まあ、そういうこと、起こりますよね。

東海林 九〇年代にさまざまな作品をプロデュースして来た方に、お話を伺ったことがあって。その方が、「アーティストは、そもそも大変なものだから、それに向き合うのがプロデューサーだし、アーティスト担当なんだ」と言っていた。その話を聞いて、僕らってアーティストに普通を求めちゃうところがあるなと思ったんです。「このフレームの中でやってください」って。でも、本来そこから外れているのがアーティストなんです。だから、こっちがコントロールしていい方向に導いていきたいなと思うようになりましたね。

初めて背中を見た

向井　一緒に仕事できて特に嬉しかった方を、もしお一人挙げるのであれば誰ですか？

東海林　甲本ヒロトさん。

向井　おお！　出た！

東海林　小学生の時に、ラジオで、初めてTHE BLUE HEARTSの「人にやさしく」が流れたのを聴いたのを今でも覚えていて、「うわ、何だこれ？」って。中学生ぐらいの頃なんか、本当に好きで好きで。でもライブは、なかなか山形に来てくれないし、観に行くのも大変だったんです。それからこの仕事を始めて、甲本ヒロトさんがTHE HIGH-LOWSになった時に、ある特番でライブを生中継するスタッフになった。僕は、生放送で時間調整をしながら、メンバーが待機しているところから送り出すポジションだったんですよ。会場のStudio Coastの、その場所が階段になっていて、階段の下のところで、ヒロトさんとマーシー〈真島昌利〉さんが準備していて。その時もう「キタキタキター！」って思って。

向井　もうとんでもない興奮がありますね。

東海林　「じゃあ、お願いします」って僕のキューで彼らがステージに出ていって、その背中を見た。今まで、客席にいて、正面から彼らを見てたけど、初めて背中を見たわけですよ。その瞬間に、もう一五の俺とハイタッチですよ。「俺、ここまで来たぞ！」って。

向井 痺れる瞬間ですね。芸人もそうですけど、ネタやるために袖から舞台に出る瞬間って、やっぱM-1とかでもかっこいいじゃないですか。

東海林 めちゃめちゃかっこいいですよ。もう俺そこで泣いちゃって。

向井 そんなに。

東海林 でも生放送だから、インカムでガンガン指示来るわけですよ。それでADが「すみません、今ディレクター泣いてます」みたいな（笑）。いやぁ嬉しかったですよ。

向井 それは感動するだろうな。会話を交わすことはなかったんですか？

東海林 実は時を経て、今度はザ・クロマニヨンズの特番をやらせてもらうことになったんです。

向井 それってどうやって回ってくるんですか。

東海林 それも、「やる？」って聞かれました。

向井 なんでそんなにラッキーなのよ……。

東海林 「やる？」「やるよ、やるやるやるやる！」って。もう大興奮ですよ。それで初めての打合せの時、お二人に「東海林と言います」と挨拶したら、ヒロトさんが「あれ？ 東海林さん？」って言うんです。「名前を聞いたことある、伯山さんの〔ラジオの〕？」って言われて。ヒロトさんは、TBSラジオをずっと聴いてるから、僕が「笑い屋」をやったのも知っていて、名前を覚えてくれたみたいで。「東海林さん、嬉しい！」とか言われちゃって。

向井 （笑）

東海林 また一五の俺とハイタッチですよ。

向井 認識されていた。そんな状態から入ったら、だいぶやりやすくなりそうですよね。
東海林 そうですね。仕事自体も楽しくやらせてもらいました。本当に嬉しかったですね。
向井 自分が学生時代に好きだった人と仕事をするのは、なかなかできない経験ですよね。
東海林 格別ですね。全てのアーティストの方に、僕みたいなファンがいて、その気持ちを僕はわかるんですよ。そのことはディレクションする時にも意識しています。
向井 だからこそ、ディレクションする上でも熱量を持てるんですね。

価値観をアップデートしていく中で

向井 東海林さんはAMラジオで「週末ノオト」も担当されていますよね。東海林さんから見たバービーさんがパーソナリティとして優れているところは？
東海林 やはり時代の真ん中にいるということですね。この時代、本当に変わっていっている最中じゃないですか。そのど真ん中にいて、かつ、芸人さんという立場でそれをお話しできるっていうのは、一番ラジオっぽい。ラジオ向きの方だと思います。
向井 バービーさん面白いですものね。今の非常に多様な価値観の中で、ちゃんと自分の意見で、これは違う、って言える人。しかも芸人さんで面白くできる。
東海林 お笑いと一緒にできて、伝えられるっていうのは、すごい才能だなと思いますね。
向井 AMとFMの、大きな違いはあるんですか？

東海林 例えば三〇分以上のトークを曲なしで続けることはＦＭでは絶対にありません。

向井 僕はＡＭばっかり聴いてるから、オードリーさんが四五分フリートークするのが嬉しいですけど、ＦＭにはない。

東海林 ＦＭはどちらかというと、情報をシェアする場所だと思っています。アーティストの新曲やおススメの曲、ライブの情報、そうしたものを共有するところに、僕は軸足を置いて、今までラジオを作ってきたんです。でもＡＭは価値の共有だと思います。僕自身、そこにこれまで視点がいっていなかった。

向井 そこはやはりＡＭとＦＭの違いですかね。

東海林 全然違いますね。時代が変わり、価値観をアップデートする中で、もしかしたら間違っていることをやっている可能性もあります。でも、それも含めてやっていければな、と。

向井 確かにアップデートって、間違えないと気づけないこともいっぱいありますよね。今、間違いに非常に不寛容だから、よりアップデートするのが難しい状況になっていると、僕は思うんですけど。

東海林 間違ってもいい、ということも含めて、何か伝えていけるんじゃないか。ラジオはやさしいメディアだと思っているので、「こうじゃなきゃダメ」ではなく、「こういうのもあるけど、どうかな？」と提案できるんじゃないか。

向井 そこがラジオのいいところでもあるんでしょうね。

〔二〇二一・三・一二〕

向井と岩井

表方ゲストのSP回!!

岩井勇気

（いわい・ゆうき）1986年生まれ、埼玉県出身。幼なじみの澤部佑とお笑いコンビ「ハライチ」を結成。ラジオ「ハライチのターン！」〔TBSラジオ〕、バラエティ番組「ぽかぽか」〔フジテレビ〕やCMなどで活躍。ソロとしてもゲームの脚本、プロデュースなどマルチな才能を発揮する。著書に『僕の人生には事件が起きない』『どうやら僕の日常生活はまちがっている』〔以上、新潮社〕がある。アニメと猫が大好き。

今回の「向井と裏方」のゲストは、ハライチの岩井勇気君です。いや、なんで？と思うかもしれませんが、以前来ていただいた石井玄さんが「向井と岩井」という番組をやりたいですねと話してくれて、なんとそれがAuDeeで実現しました。地上波にも乗らない、贅沢な回です。岩井君とよくご飯は行くのですが、がっつり二人で喋るのはほぼ初めて。それでは「向井と裏方」スタートです！

向井　ゲストは、ハライチの岩井勇気君です。

岩井　どうも、ハライチの岩井です。よろしくお願いします。「向井と裏方」は裏方さんが出る番組ですよね。もしかして僕のこと、裏方だと思ってます？

向井　思ってないのよ。やめてよ！

岩井　「ハライチの裏方」って思われている自覚は多少あるからさ。

向井　違う、違う！（笑）地上波で「向井と裏方」を放送する時〔二〇二一年七月三一日〕、表方の演者さんも呼ぼうという話になって、オードリーの若林さん、アルピーさん、岩井君を挙げたんですよ。でも岩井君はその時には無理で。

岩井　ラジオに出ている人たちね。ああ、そうか。

向井　今番組を、二つ？　三つ？

岩井　「アニニャン」〔「ハライチ岩井勇気のアニニャン！」、TBSラジオ〕が終わって、今は「ハライチのターン！」と「ダイナミックなターン！」〔二〇二三年三月二六日終了〕の二つ。

向井　「伊集院光とらじおと」で、伊集院さんがお休みの時も、代役をやっていたでしょう。

岩井　不思議な感じだったよ。俺みたいタイプは、朝の番組に抜擢されないんだから。

向井　聴いてましたけど、ちゃんと朝向けでやってましたよ。ニュースのコーナーも、今のハライチの年齢だから感じることを喋っていたし。

岩井　俺はずっと緊張してないフリしてたね。

向井　ちょっと緊張してたの？（笑）

岩井　してた。で、澤部は緊張を表に出すんだよ。

向井　言ってたね。オープニングから「こんな我々でやらせてもらって」って感じだった。

岩井　あいつはわざと可愛げを見せようとするんだよね。でも、浮ついた二人がラジオをやっているのは、聴いてられないじゃん。だから俺は緊張を隠した。だから、あの澤部の感じに、俺はちょっとムカついちゃうね。本当はそんなに緊張していないのに、受け入れてもらおうとしているのよ。

向井　うん。でもね、俺もやっちゃうタイプなんだよね……（笑）

岩井　でも俺は伊集院さんが、大好きだし尊敬しているんだけど、ラジオは聴いてこなかったんだよね。

だから代打の重大さがわかってない。

向井　知っていたらその分、緊張するもんね。ずっと聴いてこなかったのが、いいほうに出ているんだ。澤部君はラジオをかなり聴いているほうだよね。だから緊張する気持ちは、俺はすごいわかる。

岩井　澤部は向井君くらい聴いていると思うよ。「JUNK」は全曜日聴いてたって言ってたし。お兄ちゃんの影響だと思うんだけど。

向井　岩井君はマジでほとんど聴いてない？

岩井　ＭＤコンポを買った時にラジオがついてて、一回だけ「NACK5」を聴いてみたことがある。メールコーナーがあって、一回だけ送ってみたら読まれて。読まれたらのめりこみそうなものじゃん。

向井　読まれたら快感になるって言うからね。

岩井　そう。でも、俺、何通も送って読まれたわけじゃなくて、一通目で読まれちゃったから。ああ、そんなに送られて来てないんだな、ちょろいなと思って、そのあとはあまり聴かなくなったの（笑）

「俺は一見さんをめちゃくちゃ大事にする」

向井　今日来る前にTwitterを見たら、岩井君が「みんな既婚者じゃん。げぼげぼー」って書いてたけど、アルピーの酒井（健太）さんが結婚したこと？

岩井　未婚の人が減ると、周りがうるさくなるじゃん。「未婚の残りは誰と誰です」って。向井君だって、そういうふうに言われることあるでしょう。

向井　俺は結婚願望はあるんだよ。でもなんか、やっぱり焦るよね。ああいうの見たら。

岩井　マジで？　何に焦るの？

向井　なんか焦る。

岩井　ＭＣをやりたいからじゃないの？　サラリーマンでもないのに結婚しているかどうかが重要だったりするじゃない。

向井　朝や昼の帯番組を観て、成功している番組と短命な番組を比べてみたらね、やっぱり結婚していない人の番組のほうが終わる率が高いんだよ。

岩井　えっ、めっちゃデータ取ってるじゃん。なに、この人……。

向井　結婚しているから良い悪いじゃないんだけど、データとして、既婚者の番組のほうが続いてんの。

岩井　なんなんだろうね。

向井　今ハライチは澤部君がパパで、岩井君が独身でしょう。そういうバランスってあるよね。両方が既婚になったらバランスは変わるのかな。

岩井　俺は未婚でマザコンだから、母親が家にきた話とかしてるし、お小遣い制だし。澤部と真逆だよね。それで面白くなってる部分もある。ラジオでの話し方は変わるかもね。

向井　ここが難しいところで、俺も「#むかいの喋り方」〈CBCラジオ〉で、よく独り身の話をしていて、リスナーは「向井さん、一人ね」って安心してくれるのかなと。

岩井　一人には、一人がどんどん集まってきちゃうから。怖いもんだよ。

向井　ははは（笑）。でも人を集めようと思って喋っているんじゃなくて、本当に日常が一人だから自然とそうなるんだよ。でも結婚した時に、「そんな放送やめてください」と言われるのは困るな。

岩井　そんなこと言ったら、アルピーの酒井さんにも、寂しいという気持ちを持つ人はいたと思うよ。

向井　南海キャンディーズの山里さんや、若林さんがご結婚された時もあっただろうね。

岩井　あっただろうね。でもそれは、単に向井君が一人だからではなくて、「本当は結婚したいけど、結婚できません」という話をしているからじゃない？　どうするの。その人達のことを考えて、「ちょっと結婚やめとこうかな」みたいになるの？

向井　それは嫌なんだけど。

岩井　寄り添い方の話だよ。

向井　俺は嫌だね。難しいよな。寄り添いたい気持ちの強いパーソナリティもいるし、本当に自分の好きなことを喋る人もいる。グラデーションだと思うけど、岩井君はそんなに寄り添いたいわけじゃない。

岩井　そうだね。俺はステージとお客さんの距離感。

向井　その「お客さん」という言葉の中には、ドライさもあるけど、ありがたさも入っているでしょう。

岩井　あるある。だからこそ、面白いものを提供したいし、俺は一見さんをめちゃくちゃ大事にするようにしているんだよ。

向井　それは本当にいつも言ってるよね。ラジオって、よくも悪くも、ずっと聴いている人しか楽しめない、内輪ノリの文化があるでしょう。

岩井　その内向きの感じが、俺はあまり好きじゃない。ラジオがあまり好きじゃない人も聴けるような、外向きの感じにしたいんだよね。

向井　ずっと聴いている人にしかわからない言葉は使わないとか？

岩井　うん。あとは前に話したことを話す時も、知識がゼロの人に説明する感じで話す。

向井　俺もわりとそっち側なんだよね。「リスナーが家族」みたいなのには入っていけない感じがある。

岩井　俺みたいに聴いてこなかった身からすると、すごい気持ち悪いなって思う時がある。そうなってくと、ラジオは滅亡の一途を辿るだけ。今いるお客さんを囲んで心中するだけになっちゃうからさ。

向井　そこは意識しているんだね。

岩井　うん。伊集院さんは、スタッフの名前を言う時に、「ミキサーの○○さん」って毎回絶対に肩書きを言うんだって。伊集院さんですらやっているんだったら、俺達もやろうって思っている。

ラジオという些末的なコンテンツ

向井　ＴＢＳラジオ以外ではラジオってやってた？

岩井　「オールナイトニッポン０」のお試し枠を一

回だけやったね。俺は全然しっくり来なかった。

向井　それはなんでだろう。今はこんなに「ハライチはラジオが面白い」って言われてるのに。

岩井　変わってないと思うよ。でも澤部がラジオをずっと聴いてきて、念願のオールナイトだったから、ちょっと「かかって」いるのよ。

向井　オールナイトニッポンあるあるだね。ビタースイートサンバがかかって、「これ、これ！」って。

岩井　そう。その感じ。「俺のほうがラジオわかってる」感が出まくっていて。

向井　ふはは っ、嫌だねぇ（笑）

岩井　うん。俺はずっと引きながらラジオしてたよ。しかも、深夜ラジオと言えば、下ネタだと澤部は思ってて。俺は下ネタが嫌いなんだよ。だからどんどんラジオアンチになった。

向井　なるほどね。澤部君がそうだから、全然違うところに行こうとして今の形になっているんだ。

岩井　うん。そもそも俺自体がそうだと思う。小学校五、六年生の時、澤部と同じクラスになって、あいつはテレビやラジオから色々と吸収して、学校でやってたの。センスあるなと俺は思ってたんだけど、今思えば、焼き直しをしてたんだなって。

向井　見たやつをトレースしているだけっていうね。

岩井　そうそう。小学生の頃から、俺はその逆を行こうとしている。だからどんどんテレビじゃない、ポップじゃないお笑いを求めるようになっちゃって。

向井　じゃあ岩井君を作る上で、逆に言うと澤部君の存在が大きいんだね。

岩井　そうだね。俺はいろんな人がいる時に、隙間を探すようにしているんだよ。ここ通れるって知らなかったでしょう？ってことを見つけるのが好き。

向井　じゃあ、オールナイト自体はそんなにやっていても楽しかった感じではない？

岩井　全然。澤部は楽しそうにやっていたけどね。

向井　その後もラジオをやりたい気持ちもなく？

岩井　「ハライチのターン」をやってくれている宮

嵜〔守史〕さんが「岩井君、ラジオいいよ」と言ってくれていたけど、ラジオいいの？　こんな些末的なコンテンツの？って。

向井　「些末的」って言うなよ。

岩井　「デブッタンテ」がTBSラジオで始まって、うしろシティさんとやることになったんだけど、その時も、深夜三時からだったから、この些末的なコンテンツの深夜三時？　は？（笑）って。

向井　じゃあ、そういう気持ちで始まってんだ。

岩井　しかも澤部が、「デブッタンテ」の初回で、「いいとも」〔「森田一義アワー 笑っていいとも！」フジテレビ系列〕の最終回の話をするんだよ。やってんな！

向井　ははは。ラジオってそういうやつなんでしょ？みたいなね。

岩井　しかも俺は「いいとも」レギュラーじゃないから。なにそのマウント？って思ったね。

なんでもないことを、めちゃくちゃ広げる

向井　ラジオをやっていく中で、しっくり来はじめたのはどれくらいから？

岩井　でもさ、いざ番組が始まると、「深夜ラジオっぽい」話をしている澤部より、俺の話のほうが、反応がよかったんだよね。そこで王道じゃない突破口があるんだって思った。

向井　確かにね。「ラジオの岩井は面白いぞ！」となった。最初からフリートークは日常の話だったの？

岩井　俺は、自分の時間は、音で埋めりゃあいいと思っているの。誰がエピソードトークやフリートークをしないといけないって決めたの？　歌っていようが、何してようが、音で埋められればいいし、どんな話をしてもいいと思っている。大喜利でも別に

いいし、ネタでもいい。自分のトークゾーンはね。

向井 なるほどね。トークを広く捉えているんだね。岩井君のフリートークは、岩井君が書いているエッセイの世界観に近いよね。

岩井 そうだね。日常的なことを、取り立ててエピソードにはならないように喋ることが多いかも。

向井 そうだよね。最初からそうなの？

岩井 最初から。でも最初、俺は全然喋れなかったよ。大丈夫かな？って思いながら喋ってた。それで、最初は、モンスターエンジンの西森〔洋一〕さんのトークの喋り方を真似していたの。

向井 えーっ、そうなんだ！

岩井 俺、西森さんのトークが超面白いと思っていて。

向井 確かに、本当に面白いよなぁ。それは「ピカルの定理」〔フジテレビ系列〕をやっていて、近くで喋って聞いていたから？

岩井 そうそう。つらつら喋るというより、断片的に喋るんだけど、超面白い。それを最初は真似してた。それを経て、今の形に。今も憧れるね。

向井 はぁ〜、そうなんだ。知らなかった。面白い。

岩井 自分としては多少、着眼点はあると思っているんだけど、喋り口をああいうふうにできたら面白いかなと。

向井 トーンとかスピードとか。

岩井 うん。そう。

向井 そうなんだ。岩井君の話って、妄想や嘘を織り交ぜた日常の話だよね。今週喋ることないなっていう時はない？

岩井 あるよ、全然。

向井 ああ、ほんと。俺とか澤部君もそうだと思うんだけど、身の回りで起こったことを喋るスタイルだと、起こったことを喋るしかない。でも岩井君の場合、何気ない日常を岩井君の発想や妄想を加えて喋るから意外となくならないのかなと思っていたんだけど。

岩井　いや、本当にぎりぎりまで追い詰められる時はあるよ。でもそういうエピソードがない時のほうが、なんかよくなったりするね。本当になんでもないことを、めちゃくちゃ広げるの、俺は（笑）

「ハライチのターン！」スタッフの心地よさ

向井　さきほど話に出た「ハライチのターン！」プロデューサーの宮嵜さんはハライチの単独ライブに入ってもらうくらい信頼しているんだよね。

岩井　うん。映像作るのもうまいし。ジングルを作るのもうまいの。昔ＤＪとかやっていたみたい。そういう編集の能力があって、だから音楽や映像を作ってもらうなら宮嵜さんだと思っている。

向井　ラジオ以外でも手伝ってもらいたくなるようなスタッフさんなんだね。

岩井　「こういう感じで」って言ったら、それがなんか伝わるんだよ。イメージがねじ曲がらない。あとは、ディレクターの宗岡〔芳樹〕さんも、すごくやりやすい。イヤホンに指示をくれる時も、ちょうどいい感じでくれる。

向井　ちょうどいいってどういうこと？

岩井　こういうふうに誘導しようとかではなく、合間に困っていたら指示をくれる感じなんだよね。

向井　そこにもセンスあるんだろうね。タイミングだったり。

岩井　うん。たぶんめちゃくちゃ重要だと思う。あとはワタナベの養成所出身の持ちビルハゲ太郎という構成作家がいるんだけど、この人は基本、何もしない。でもそれがいいのよ。スタジオに入ってくれるんだけど書いて指示とかは一切しないの。でもとにかく笑い声がいいんだよね。一番いいと思うのが「みんなは面白くないかもしれないけれど、俺はちょっと笑っちゃいます」という裏笑いは絶対に入れないこと。

向井 なるほどね。

岩井 自分のセンスを出す笑いってあるじゃん。

向井 あるね。「俺、ここで気づいてます」っていう笑いね。それがない。

岩井 俺はラジオを聴いていて、それがめちゃくちゃ気になっちゃうんだよな。

向井 ねぇ、やめてよ、うちの作家が緊張しだすじゃない（笑）

岩井 あと、指示を書く時の音を入れる人とか。

向井 カツカツってね。

岩井 それが持ちビルハゲ太郎には一切ない。だからめちゃくちゃいいんだよね。

向井 本当にいい座組でやれている番組なんだね。

岩井 うん。すごくいい。ハライチは幼稚園から一緒なんだけど、それを邪魔せずにのびのびやらせてくれるメンバーだね。

向井 スタッフさんの心地よさが「ハライチのターン！」の面白さに繋がっているんだね。

結局自分がやっている ラジオは楽しい

向井 そういえば、岩井君のエッセイ第二弾『どうやら僕の日常生活はまちがっている』（新潮社）が発売中とのことで。岩井君が大好きなスピッツの草野（マサムネ）さんのラジオで、ちょいちょい岩井君のエッセイの話が出てくるでしょう。

岩井 話してくれているんですよね。めちゃくちゃ嬉しい。俺は、草野さんってすごい律儀なんだろうなって思ってる。ラジオでスピッツのことを話した時に、お返しで話してくれている気がする。草野さんが喋ってくれて、エッセイを書いてよかったなと思ったの。

向井 僕も時たまラジオを聴いていて、自分の話題が出たり、褒められていると嬉しいな。

岩井 うん、嬉しい。あと向井君「時たま」って言うタイプなんだね。

向井　そこ引っかかった？（笑）

岩井　「時たま」ってあまり言わないよね。「たまに」とか「時おり」とかは聞くけどさ。

向井　こんな話、テレビだったらカットだよ。

岩井　えっ、こんな面白いのに！（笑）でもそこがラジオのいいところかもしれないな。

向井　そうだね。「すべらない話」ともちょっと違って、ラジオのトークってあるよね。オチがついてなくてもいい。今の「時たま」でも盛り上がるとか。

岩井　文脈と文脈の間にこそ面白い時があるのに、テレビでは全部それカットされているよね。

向井　うん。ラジオはそこが残るのも魅力。

岩井　だからラジオは楽しいし、結局、自分がやっているラジオは楽しくなったね。

向井　ラジオを聴いてから岩井君のファンになった方もいっぱいいるだろうね。

岩井　だからね、あと一番組くらいやりたいよね。石井玄さんが言ってくれたんでしょう。

向井　そうそう。「向井と岩井」って番組をやるのはどうかって。

岩井　俺もやってみたいなと思うけどね。

向井　AuDeeになりますけど（笑）

岩井　AuDee。最高じゃん。俺はラジオのことを些末的なコンテンツだと思っているから。TBSラジオも些末的だと思ってるし。でも全世界に聴かれていると思ってやっているよ。「誰も聴いてないから」という感じでは絶対に喋らないようにしている。

向井　岩井君が一見さんでもわかるようにしているのは、そこに通じるよね。

岩井　些末的だと自分が思っていたいからこそ、些末的なものにならないようにしたいの。

向井　そこがラジオをたくさん聴いてきた他のパーソナリティとも、全然聴いていないパーソナリティともちょっと違う岩井君のバランスなのかもね。

（二〇二一・一一・一二）

#3

語りを支える

ずっと出役を見てきた。

高井 均

（たかい・ぴとし）昭和生まれ、岐阜県出身。中学時代からラジオを聴き始める。学生時代にラジオ局に出入りし始めたことがきっかけで放送作家になる。中日ドラゴンズとサザンオールスターズのファンクラブに入会中。ＪＦＮ系で続く「S.I.N NEXTGENERATION」〔「V6 NEXTGENERATION」〕は28年目、担当する中で一番の長寿番組。現在の主な担当番組は「有吉弘行のSUNDAY NIGHT DREAMER」〔ＪＦＮ〕、「垣花正 あなたとハッピー！」「さまぁ～ずのさまラジ」「藤ヶ谷太輔 Peaceful Days」「#みちょパラ」〔以上、ニッポン放送〕「鎌田菜月のサクラバシ９１９」〔ラジオ大阪〕。

さあ、今回の裏方さんですが、「有吉弘行のSUNDAY NIGHT DREAMER」や、数々のオールナイトニッポンシリーズを歴任されている、構成作家の高井均さんです。今は、「SixTONESのオールナイトニッポン サタデースペシャル」などもやっていて、とんでもない数の番組を担当されています。

実は高井さんとは、僕自身も何度かオールナイトニッポンや、関連の番組でご一緒しています。なんといっても、「パンサーのオールナイトニッポンR」を担当してもらった縁もあるんです。どんな裏方トークになるんでしょうか。「向井と裏方」スタートです。

向井 構成作家の高井均さんです。よろしくお願いします。

高井 よろしくお願いします。

向井 高井さんが担当されてきた番組一覧が手元にあるんですが、もうとんでもない数……。

高井 関わった年月が長いだけですよ。

向井 僕らとも一緒に仕事していて、最初は「パンサーのオールナイトニッポンR」〔ニッポン放送〕でしたよね。土曜の深夜三時から二時間の特番を三回くらいですかね。

高井 やりましたね。〔早い時間、深夜一時に〕上がれなかったですね。

向井 上がれ……（笑）。やめてくださいよ、そんなこと言うの。

高井 パンサーのブレイクが、もうちょっと早いか、逆にもう少し後だったら、そのままレギュラーだったのかなっていう。

向井 そうなんですかね。リスナーと尾形〔貴弘〕さんが口げんかするみたいなコーナーとかやってましたよね。

高井 あと尾形さんがトイレ行ってオナニーするとか。

向井 それで俺は終焉を感じたんですよ……。あっ、これはもうレギュラーなんねえなっていう。見事にそれ以降、なくなったんですよ。その後に「向井慧のオールナイトニッポン」をやらせて頂いて、そこも高井さん。

高井 はい。僕的には、めちゃめちゃ手ごたえあったんですけど。

向井 あ、本当ですか？

高井 あったんですよ。向井君は、独特な喋り方をするじゃないですか。

向井 自分だとわかんないんですよ。何が独特ですか？

高井 喋りの間ですね。生放送や収録している時は、「こんなゆっくりなの？」って少し不安に思っちゃうんだけど、オンエアで聴くとすごく聴きやすい。ラジオの経験が浅い人は、前のめりになりがちで早口になっちゃうんだけど、向井君の場合は、最初からゆっくり。もうベテランパーソナリティなんだよね。そのギャップもよかったからすごい手ごたえがあったんですけど、放送後に、横にいたディレクターが「イマイチだったな」って。

向井　いい加減にしろよ！（笑）

高井　だから、「えっ俺はよかったけど！」ってなって、ちょっと険悪なムードになった。

向井　険悪にさせてしまってたんですね。あの放送の後に。

高井　ただ、評価してくれる人もいて、向井君は昼の帯番組のパーソナリティにいいんじゃないかと、ニッポン放送内では何度も名前が挙がってたんだけどね。

向井　ガッ！

高井　だからブレイクの時期が少しズレていたら、色々違ったかもね。

向井　初めて高井さんからその時のお話を聞きました。番組が終わった後には聞けなかったことだったので、すごく新鮮ですね。

本当はたけし軍団に入りたかった？

向井　そもそも高井さんは、どういうきっかけでこの世界に入ったんですか。

高井　大学の後輩がニッポン放送に出入りをしていて、仕事を手伝うようになったのがきっかけですね。芸能界にも興味があったんですよ。たけし軍団に入りたいなと。

向井 あっ、出役として。なんか声のトーンとか、たけし軍団にいそうな雰囲気ですよね。わかる、すごくスッと入ってきますよ、それ。

高井 ほんとですか。「たけし軍団に入りたい」というより、「たけしさんの近くに行きたいな」と思ってました。たけしさんのオールナイトニッポンが終わったくらいのタイミングだったんですが、高田〔文夫〕先生の二番弟子の松岡昇さんが、弟子みたいなのを探しているからどうですか、という話を聞いて、「行く、行く、行く！」って言って。

向井 たけしさんに、近づけますもんね。

高井 そうです。なのでそこは嘘をつかずにちゃんと松岡さんに「たけし軍団に入りたい」ってお話をして。

向井 出役もやりたいと。

高井 やりたい気持ちもあるし、放送作家の勉強もちょっとしてみたいですと。そうしたら、出役にはいつでも転身できるし、喋りたいと思ったらラジオで話すこともできるから、まずは勉強をしてみたら、と言われてこの仕事をスタートしました。

向井 はぁ〜。それで一度勉強してみようと。今、高井さんの作家歴は、どれくらいですか。

高井 三〇年です。

向井 三〇年ですか。出役への興味は今も高井さんの中にあるんですか？

高井 もう、一ミリもないですね。芸人さんを見てると、言い方悪いんですけど、二本三本、ネジ外れてるじゃないですか。芸人に限らず、芸能界にいる方全員が。ねえ？

向井　（笑）。今まで見てきたラジオパーソナリティ全員？

高井　パーソナリティ含め、芸能人全てがそうだなと思うんですけど、二、三本外れてないと、これはもうできない職業なんだなとわかったんです。メンタル面を含め。

向井　じゃあやっていくうちに、もう出役っていうのはパーンと消えたんですね。

高井　消えましたね。

向井　で、作家でやって行こうという感じなんですね。なるほどね。

構成作家という仕事

向井　オールナイトニッポンに関して高井さんは本当にいろんな方を担当しているじゃないですか。その中でも印象に残っている方や、この回が面白かったな、というのはありますか。

高井　最初に見習いとして入った番組が槇原敬之さんのオールナイトニッポン〔二部〕。メインの作家さんに教えていただきながら現場の雰囲気を学ぶ感じなんですけど、三ヶ月後ぐらいにもう一人見習いの作家が増えるということになって。それが鈴木おさむちゃんだった。

向井　でた。鈴木おさむさんが出てきます。ここで。

高井　おさむちゃんは一九歳で。作家になるために、太田プロで、ライブとかに出て勉強してたんですよ。

向井 そんな時期あったんですか。

高井 そんなおさむちゃんと二、三年ぐらい一緒でしたね。ただ、もう、当時からちょっと才能が抜けてるっていうか。

向井 あら、そうなんだ。

高井 同世代でライバルなんだけど、すごすぎて嫉妬とかの段階じゃないっていう。俺は他の仕事を探したほうがいいかなってレベルだった。

向井 最初は、負けるかという気持ちがあったけど、三ヶ月後にはお手上げというか。

高井 そう。だから、おさむちゃんのことは別モノとして捉えようと勝手に自分で考えましたね（笑）

向井 なるほど。

高井 真っ向勝負じゃ勝てっこねーし、素直にすごさを認めないと、なにも始められないって感じでしたね。

向井 自分はこっちの競技じゃないぞ、と。見切りをつけるというか……やっぱ、そんなすごかったんですか、その時から。

高井 すごかったね。二、三年してすぐ、おさむちゃんはフジテレビの深夜枠で放送されていた「とぶくすりZ」に行くんですよ。

向井 そこに繋がるんだ。

高井 「とぶくすりZ」があって、その後「スマスマ」（「SMAP×SMAP」フジテレビ系列）かな。

向井　はー。

高井　トントントーンって駆け上がって。五、六年でもう一気に時の人になっちゃいました。背中も見えないくらいに。

向井　そんな人って周りにいないですよね。

高井　普通はいないですね。でもね、一〇年ぐらいするとまた出てくるのよ。今から一五、一六年前に放送作家で黒岩勉君っていう子がいて僕より年下なんだけど、「将来は脚本家になりたいんです」って言ってましたね。「放送作家業が腰掛けで申し訳ないです」みたいな。

向井　なるほどなるほど。最終的には違う夢がある。

高井　放送作家もやりたいことの一つなんだけど、最終的な夢は脚本家。そういう人はたくさんいるので、僕ものんきに「頑張ってね～～」なんて言ってたら、フジテレビのヤングシナリオ大賞に入賞して、あれよあれよという間に映画『LIAR GAME』の脚本を担当。

向井　おお。

高井　その後、『ONE PIECE』の脚本も書くし、原作オリジナルの『僕のヤバい妻』（フジテレビ系列）っていうドラマもヒットして……。だからおいおいおいって。

向井　（笑）。やっぱ黒岩さんも入ってきた時から、あ、なんかコイツ違うなって……？

高井　いや、若い頃のことはわからないけど放送作家としては、僕と変わらない普通のタイプでしたね。失礼な言い方ですが……。

向井　脚本を書く力とは全く別の能力なんですね。ラジオでは頭角を現してるわけじゃなかったけど、自分のやりたいフィールドでどーんと行って、大きい仕事しているという。

高井　そうそうそう。フィールドが違っただけで化け物だったね。

向井　で化け物と言えば、高井さんの下で見習いの作家をしてたのが……。

高井　平成の怪物・福田ね（笑）

向井　福田卓也さんなんですね。僕、それ知らなくて。だって作家の福田卓也さんって言えば、「サンドリ」ももちろんやってますし、アルコ＆ピースさんの番組も立ち上げから全部ですし、今のオールナイトニッポンも何本やってんだって話ですよね。その福田さんが入ってきたのは？

高井　多分一〇年くらい前なんですけど、ニッポン放送で「THE放送サッカーズ」っていう番組が放送されていて、それこそ鈴木おさむちゃんとかがパーソナリティだったのね。で、おさむちゃんが担当する曜日に、放送作家オーディションをやってて、そこで優勝したのが福田なんですよ。でも、僕はそれを全く知らなくて、なんか番組やってんなーっていう記憶があったくらい。で、しばらくしたらおさむちゃんから電話がかかってきて。「高井さん、今オールナイトやってますよね。一人預かってほしい子がいて」と。おさむちゃんがラジオで育ってきた人間なんで、ラジオの現場から育てたい。でも、今ラジオをやってないのでお願いしたいと。ちょうどその時、「BEAT CRUSADERSヒダカトオルのオールナイトニッポン」を担当していたので「ああ、いいよ」と。ただそこにはもうサブ作家がいるから「本当に見習いになっちゃうけどいい？」って言ったら「居させてもらえるだけでいい」って。で、そこからしばらく福田と一緒だったかな。

向井　じゃあもう高井さんの現場にとりあえずいっぱい来させる感じですか？

高井　その時に滝沢〔秀明〕君の番組〔「タッキーの滝沢電波城」ニッポン放送〕もやってたので、タッキーの番組とか、全部ついてもらって。サンドリもその一つだったね。

向井　なんて言うんですかね。才能って言うとあれですけど、能力がないなぁとか思ったら、こんなことにはならないじゃないですか。

高井　放送作家……特にサブの作家さんには2タイプいて、最初からできるやつと、はじめはあんまりできなくて徐々にチカラをつけるタイプ。それは明らかにわかる。

向井　ほう……それはどういうポイントですか。

高井　面白いネタが書けるとか、斬新なアイデアを出せるとか、情報を集めて整理できるとか。あとは、一般常識があるか、時事問題をどれくらい把握しているか？　どこにどんなアンテナを張っているか？　そういうポイントですね。出来る子は一つくらいが突出してるんだけど、福田は、最初から全部が完璧に近かったですね（笑）

向井　（笑）。最初からですか。

高井　運動神経が抜群なやつみたいなものだと思います。

向井　じゃあ福田さんが入ってきた時からこの子は、勝ち抜いてきただけあって、面白いこと書ける子だなーって思ってたんですね。そこから今みたいになるまでって、どういうストーリーなんですか。

高井　ストーリーはなくて時間の問題でしたね。めちゃめちゃ面白い作家がいるって、ディレクターに見つけられるまでの……。存在が周囲にバレたらすぐに独り立ち。いち早く抜けていきましたね。

向井　（笑）。やっぱそういうものなんですね。どっかで抜けるんですね。高井さんの場合は、サブでついた槇原〔敬之〕さんのオールナイト以降、手ごたえっていうのは、どういうところで感じたんですか。

高井　初めてピンでオールナイトを担当したのが、「EAST END×YURIのオールナイトニッポン〔二部〕」。右も左もわかんないから一生懸命やるしかなくて。で、その後に「U-turnのオールナイトニッポン〔二部〕」。

向井　でた、土田〔晃之〕さん。

高井　土田君の番組で、自分でも成長したかなって思ったことがあった気がするかも。

向井　それはどういったところですか。

高井　土田君は、とにかくとんねるずさんのラジオが大好きで、自分のラジオもとんねるずさんみたいにしたいんだっていう確固たるものがあったんだよね。確固たる信念みたいなものがあると番組って作りやすいんだなとか、逆にこだわりすぎると周りが見えなくなって独りよがりになりがちだなとか。キャリアを少し積んだ時期でもあったので、番組を俯瞰で見られるという余裕ができたかも。あと土田君の番組にかける愛情の強さも勉強になりましたね。ハガキ職人の日本代表を決めるって言い始めて、Tシャツに背番号を書いたユニフォームを土田君含

めスタッフ全員で手作りしました。徹夜でしたね（笑）

向井　ラジオにしっかり向き合って、面白いラジオをやりたい土田さん。高井さんも元々芸人志望っていうところもあり、そこにすごくいい親和性があったのかもしれないですね。

高井　土田君のラジオ愛の続きなんだけど、マジでネジが二、三本ぶっとんでるなと思ったのが、番組が終わったあとに一回電話がかかってきて「高井さん、今ね、リスナーのハガキ職人一〇人が家に泊まってんですよ。俺の実家に泊めてんすよ」って。

向井　え、放送とか全く関係なくて？

高井　今で言うオフ会なんでしょうけど、当時はネット文化なんてないから、えっ、どういう状況？って理解できなくて……。

向井　例えば番組が続いてる時だったら「この前さ」っていう話のネタとしてやるならまだ理解できますけど。関係ないんですよね。

高井　ああいう情熱が土田君はレベル違いで、ホントにすごい人なんだなってなって。

向井　そうか。そういうのを目の当たりにしていくと、そりゃもう出役いいやってなりますからね（笑）

「有吉弘行のSUNDAY NIGHT DREAMER」

向井　高井さんは担当されている番組がたくさんありますけれど、有吉さんの「SUNDAY

「NIGHT DREAMER」〈通称「サンドリ」〉は、代表的な番組の一つ。

高井　今一番、裏の話を聞きたいですもんね。

向井　聞きたいんですけど。やっぱ、名前を言ってはいけない番組っていうところもあるじゃないですか。あんまりここで勝手に言うのもなっていうのもありつつですが。立ち上げから高井さんは、ずっとっていう感じですか。

高井　そうなんですけど、実は有吉君との付き合いはもっと前なんですよ。

向井　「SUNDAY NIGHT DREAMER」より前？

高井　一九九七年に「KADOKAWA電波マガジン 猿岩石のWalkers Radio」〈TOKYO FM〉という番組を担当していたんです。当時は、ヒッチハイクから帰ってきて、空前の大ブームが少し落ち着いた時期かな。猿岩石の二人と、当時ホリプロにいたMinkちゃんという女の子の三人がパーソナリティの番組で、そこに作家として付けてもらった。

向井　それが最初の出会いですか？

高井　そうです。そこで有吉君の衝撃的な面白さを目の当たりにしましたね。

向井　当時の猿岩石さんは、アイドル的な人気があって、結構穿った目で見られている時期じゃないですか。でもラジオをやった時にびっくりした……。

高井　度肝を抜かれましたね。ポエムを書いて、リスナーと対決するコーナーがあったんだけど、リスナーが何人かかっても有吉君に勝てない。有吉君はその場でささっと書くだけなんだけど、その面白さのキレがすごい。

向井　ラジオってそういう側面がありますよね。テレビでは舐められがちな人が、ラジオの喋りをじっくり聴いてみると面白いなと。有吉さんのそうした魅力が出ていたんですね。でもその番組は人気にならなかったんですか？

高井　猿岩石にアイドルイメージが強かったのもあってか、まったくならなかったね。時代もあって、ラジオが一番沈んでいる時だったかもしれない。今だったら、同じことをやってれば、ネットとかでバズったかもしれないんだけど。で、そこから七、八年あいて、有吉君が再度メディアに出始めて少し注目され始めた頃かな。「SUNDAY NIGHT DREAMER」をやろうという話になって。JFN〔全国FM放送協議会〕側が有吉さんサイドにオファーしたら、そのマネージャーさんが「KADOKAWA Walkers Radio」を覚えてくれていて、「あの時担当していた高井さんという作家だったら」と言ってくれたんです。僕はもうラジオのスタッフに入っていたので「担当はその高井です」となって、「だったら……」という感じで始まりましたね。

向井　へぇ、高井さんがそのスタッフに入っていたのってたまたまですか？

高井　たまたま。じゃあやりましょうと、ポンと決まった。ありがたい。

向井　すごい縁ですね。「サンドリ」にはコーナーがいっぱいあり、ゲスナー〔「サンドリ」リスナーの名称〕からメールを募集。コーナーはスタッフが考えているんですか。

高井　最初はスタッフが考えて、有吉君に提案する感じかな。ここ数年はアシスタントのデンジャラス安田和博さんに有吉君が生放送中に「作れ！」と指令（笑）。安田さんが番組後の「アフタートーク」という配信で、僕に「どう？」と聞いてコーナー案が決まる。そこから安田さんが生放送で有吉君にプレゼンをしてコーナーになっていく感じですね。

向井　リアルタイムのトークでコーナーが出来上がっていくんですね。

高井　そうそう。まあ、そもそも打合せがゼロなので。

向井　番組の打合せが何もない？　ホントに？

高井　ない。ラジオ前はゼロ秒（笑）

向井　じゃあ、今日こんなコーナーあって、こんなハガキあってとかも、一切当てない。

高井　当てない。というか、ここが一番驚きなんですけど、コーナーのネタメールは一切目を通さない。初見なんですよ。

向井　すごいですよね。

高井　僕もマジで毎回、この人は化け物だなあと感心しちゃう。

向井　だって、一回目を通して、下読みをしておいたほうが、ここが面白いポイントだなぁって、読み方が変わるじゃないですか。でも有吉さんは初見で行けちゃう。

高井　二枚に渡る長文のネタもあるからね。常人じゃねぇなと。

向井　メール読みのうまさを、間近で見ていて感じるんですね。

高井　毎回震える。有吉君も、三年に一回くらい「今の俺、うまかったよな」という顔をする時があるね（笑）

「粋の塊みたいな人」

向井　有吉さんのパーソナリティとしてのすごさは、他はどんなことでしょう？

高井　全方向に攻撃をして、自分からは味方を作らない。あの強さはどこから生まれたのか知りたい。普通は喋っていると、自分の味方をつけて話したくなるでしょう。「誰々はこう言っていて、俺と同じ意見だった」と。でもそういうことを、絶対にしない。

向井　リスナーを味方につけたい喋り手の方もいる中で。

高井　リスナーまで攻撃するからね（笑）。「読みづらい。つまらない。二度と送ってくるんじゃねぇ」と。

向井　（笑）

高井　特に知ったかぶって書いてくるリスナーが一番嫌いなんですよ。「知らねえくせに、言ってんじゃねえ」って。俺らスタッフも最初の頃は、せっかく送ってきてくれたんだから、そんな言い方をしなくても……って思ってましたけどね（笑）

向井　言葉や目線が非常にシャープですよね。相手の嫌なところにズバッと来る。それが有吉さん的なスタイルですよね。「リスナーは仲間だ」となりがちですけど、ちゃんと距離を取っている。

高井　聴いてくれるリスナーのことを、ありがたいと思っていると思いますよ。ただ一目置いているんだけど、手加減はしないというか、面白くないやつには、はっきりと言う。

向井　今、有吉さんがやられているレギュラーの中でも、この「サンドリ」がもしかして一番長いかもしれないですね。十数年もラジオを聴いている人からすると、有吉さんと一緒に過ごしてきた感覚があると思います。

高井　有吉君本人がラジオを好きでいてくれてるからでしょうね。多忙すぎる中での負担のかかる生放送。好きだけじゃ続かないので本当にありがたい。生放送中に笑って楽しんでいるのを見るとホッとするよね。

向井　高井さんから見て、この一〇年どうでしたか？

高井　有吉君は、俺たちスタッフに対しても姿勢がプロで、体調の悪さや気分的な感情を一切、表に出さない。

向井　毎週やっていても？　機嫌の悪い日、疲れている日はあるじゃないですか。

高井　だからプロ中のプロですね。本当に体調の悪さを見せない。ある日、いつもトイレに行かないのに、曲の間にトイレに行く時があって、おかしいなと思ってたら、吐いていた時があった。

向井　えっ！

高井　たぶん前の日に飲まされたかなんかで、二日酔いだったのかな。でもひと言も言わないの。普通「すみません、昨日飲みすぎちゃって……」と、全面的に出したりするけど、一ミリも出さずに、吐いて戻ってきて、口を拭いてすぐ生放送。僕もすぐには気づかなくて、あとになって、あれもしかして……って感づくぐらい。

向井　なんか粋の塊みたいな人ですね。

高井　塊ですね。だから有吉君からすると、僕らが気づいたのも嫌だったかもしれないですね。

向井　そこですよね。有吉さんが「サンドリ」を「名前を言ってはいけないラジオ」って言うのも、そういうことなのかもしれませんね。「言わなくていいよ」という照れだったり。

高井　繊細ですごくシャイな方ですからね。

向井　そこがまた魅力的なんですね。

〔二〇二二・一・二八〕

ラジオ好きな人は、正直、あまり好きじゃない

戸波英剛

〔となみ・ひでたか〕１９６５年生まれ。株式会社ＴＢＳグロウディア所属。現在の担当番組は「問わず語りの神田伯山」「アンジェリーナ１／３ 夢は口に出せば叶う‼早番」「桂宮治 これが宮治でございます」〔以上、ＴＢＳラジオ〕、「おとなりさん」〔文化放送〕など。過去に担当した番組は「菊地成孔の粋な夜電波」「キック・ザ・カンクロー」「ふるチン」「さまぁ～ずの逆にアレだろ⁉」「カンニング竹山 生はダメラジオ」「ウンナンタイム」「サンドウィッチマンの週刊ラジオジャンプ」「週刊爆笑フォルテシモ」「宮川賢の誰なんだお前は⁉」〔以上、ＴＢＳラジオ〕など。

今回ゲストにお呼びする戸波さんは、菊地成孔さんや宮藤官九郎さん、芸人ではウッチャンナンチャンさん、サンドウィッチマンさんなど数多くの番組を担当されてきた、業界歴がかなり長いディレクターさんです。「この方にだったら、あの番組の話は聞きたいよな～」など、色々と考えているところもあるので、どこまでお話を聞けるのか、ちょっと楽しみです。それでは、「向井と裏方」スタートです。

向井　戸波さん、よろしくお願いします。

戸波　よろしくお願いします。

向井　今までいろんなゲストの方をお呼びしているんですが、戸波さんには、番組開始当初から何度か出演オファーをさせて頂いてまして。今回ようやく出て頂きました。

戸波　すみません。会社からなかなかオーケーが出なくて（笑）。舌禍《ぜっか》癖があるんでね。

向井　いえいえ、「番組の裏側を表立って喋るものじゃない」というお考えももちろんあると思うので、話せる範囲で話して頂ければと思います。

戸波　はい。

向井　戸波さんには、リスナーさんからのメッセージも非常に多いんです。東京都の女性、たれ目のぱんちゃんさんから頂きました。「私が話を聞きたい裏方さんは、ＴＢＳラジオ『問わず語りの神田伯山』ディレクターの戸波さんです。ラジオクラウドで伯山さんに送った手紙は、番組と伯山さんに対しての愛をとても感じました。これからの『問わず語り』についてどう考えているかというのも、いちリスナーとして聞いてみたいです。よろしくお願いします」。このリスナーのメールの中にもありましたが、戸波さんが伯山さんへ手紙を書かれたんですよね。僕もラジオクラウドで聴きましたけど、熱のこもった内容で。

戸波　あれは確か、ニッポン放送の高田文夫さんの番組（「高田文夫のラジオビバリー昼ズ」）に伯山さんがゲストで出た時、高田さんから「最近は悪口を言わなくなったな」と言われて、「いや、ディレクターにカットされちゃうんですよ」って伯山さんが答えたんです。僕がそれをたまたま聴いていて、「そんなこと、生放送で言うことじゃないだろう！」って、カチンと来ちゃったんですよ。その後、打合せで電話をした際に、文句というわけではないですけど、伯山さんに「なんであんなこと言ったんですか」と伝えて。

向井　パーソナリティとディレクターの間で、モヤモヤが残ったままなのは気持ちが悪いですから。ちゃんと意見の交換をしたってことですよね。

戸波　そうですね。普段、「問わず語り」では収録前に「今日はこんなネタを喋ったら面白いんじゃないですか」というメモを書いて持っていくんですよ（この当時のやり方で、今はメモを用意していません）。いつもは三、四行くらいの項目を、三つか四つ持っていくんですけど、その日だけは書いているうちにワープロで三ページぐらいになっちゃって（笑）

向井　想いが溢れちゃってね。

戸波　「無駄な悪口はやめてほしい」みたいな内容だったと思うんですけど。最初は伯山さんに対して「これを放送で読め！」って言っちゃって。今考えるとかなり傲慢ですよ。自分の主張に放送の時間を使え、ってことだから。その時は、作家のサトケン（佐藤研）さんが、「この手紙はとてもいい内容だけど、放送に入れるとこれだけで一〇分経っちゃうから、ラジオクラウドにしましょう」と間に入ってくれましたが。

向井　パーソナリティは自分の視点で色々話せるけど、その話の中に出てくる方には喋る場がないじゃないですか。あの手紙の件では、戸波さんからの視点が入ったことで、ラジオで何か言うことについて、各々が深く考えるきっかけになった気がしますが。

戸波　金曜日に放送があった直後は、「戸波さんの気持ちに感動した」というコメントがTwitterで流れてきて、「あー、よかった」と思ってたんです。でも、土日あたりからだんだん風向きが変わってきて。「戸波がこんなことを言い出したから、もう俺は聴くのをやめる」という感想も出てきちゃった。生まれて初めてネット上に自分の名前が出て「老害」とか書かれると、結構凹みました。

向井　想いをちゃんと伝わるように届けるのって、難しいものですよね。

戸波　そういうこともあったので、今は「問わず語り」について表立ってはベラベラ喋らないようにしてるんです。でも、今回は結構喋っちゃいましたね(笑)。まぁ、放送でも言ってる話なので、これくらいは大丈夫かな。

二転三転の職歴から、ラジオ業界へ

向井　戸波さんはラジオ業界に入って何年ぐらいなんですか。

戸波　一九九一年に入ってるはずだから、計算すると三〇年ぐらい?

向井　三〇年間、このラジオ業界にいらっしゃるんですね。

戸波　よく三〇年もいられたなっていうのが正直なところです。

向井　業界に入ったきっかけは……?

戸波　大学を卒業して、最初は漫画の編集プロダクションに入ったんですよ。「こんなチャラチャラした仕事は俺には向いてない」と思ってそこを半年で辞めて、次はお酒メーカーの総務課で働きました。それも半年で辞めちゃって、その後はエロ本の編集部でバイトして。

向井　職種がバラバラですね……。

戸波　写っちゃいけない女性の局部にシールを貼ったりする仕事をしてまして、そこでは結構楽しくやってました。一年の間に三回ぐらい職を変えていたので、大学の同級生からは「戸波は社会不適合者だ」って言われましたけど。

向井　どの仕事もあんまり続かないから。

戸波　社会人としてダメダメだったんですよ。それでエロ本のバイトをしていた頃、たまたま新聞か何かの三行広告に「ラジオディレクター募集」って書いてあるのを見つけて、楽しそうだと思って応募したんです。職をコロコロ変えてきたから、「今の仕事はもうイヤだ、次に行こう」ってすぐに考えるのが癖になってたんでしょうね。

向井　ちょっとやってみるか、ぐらいの軽い気持ちで始めたんですね。

戸波　この業界って「ラジオが好きで、ディレクターをずっと目指してきました！」っていう人が多いじゃないですか。

向井　そうですね。

戸波　前の制作会社で採用面接を担当していた時期があったんですけど、「ラジオ好きです！」と言って応募してくるヤツには全員バツを付けて落としてました。

向井　え！　それはどうしてですか？

戸波　いやぁ、なんか、「コイツ気持ち悪いな……」と思って。

向井　とんでもない人だな！（笑）　またネットで叩かれちゃいますよ。この番組、ラジオ好きしか聴いてないんだから。

戸波　あぁ、そうですよね（笑）。一度、「ロックとフェスが好きで、ラジオは全然聴きません」という人が面接に来て、僕が「いいな」と思って合格を出したら、数日後に「やっぱり他に就職が決まったので」って断られたことがあって。その時は、僕が面接で一旦落としたラジオ好きの人を、代わりに採用することになりました。その人からは今でも「戸波さんにバツを付けられたの、忘れてませんよ！」って言われますもん。

向井　その方は、現在もラジオ業界で働いてらっしゃるんですね。

戸波　バリバリ働いてます。大活躍してますよ。

向井　だとしたらやっぱり、戸波さんの採用基準がおかしかったんですよ！（笑）

「粋な夜電波」菊地成孔の魅力

向井　最も長い期間担当された番組は何ですか。

戸波　「菊地成孔の粋な夜電波」（ＴＢＳラジオ）ですね。僕は元々、菊地成孔さんのラジオのファンだったんです。

向井　なるほど。

戸波　最初はまずＪＦＮで「水曜WANTED!」を大谷能生さんと二人でやっていて。それがめちゃめちゃ面白くて毎週聴いてました。その番組が終了することになったと知って（二〇〇六年三月終了）、すぐに企画書を書いて「次はＴＢＳラジオでやりませんか！」とマネージャーさんに連絡したら、「すみません。J-WAVEが始まります」って断られてしまって。今度は「THE UNIVERSE」って番組が始まって、それも聴いてました。ちょうどその頃、僕が鬱っぽかった時期だったんですけど、菊地さんのラジオを聴くと、なんだか気持ちが楽になって。自分にとって癒しの効果があったんですよね。その後、J-WAVEの番組が終わるっていうタイミングで、また企画書を書きました。それからＴＢＳラジオでレギュラーになるまでは、三年ぐらいかかりましたが。

向井　いちリスナーとしてラジオを聴き続けて、どうしても菊地さんの番組をやりたいと。

戸波　行く先々に僕がいて「ラジオをやってください！」ってお願いしてくるので、ストーキングされてるみたいな感覚だったと、菊地さんが何かの文章に書いてくださってましたね（笑）

向井　最近ですと坂元裕二さん脚本の映画『花束みたいな恋をした』で、「粋な夜電波」を聴いていることをきっかけに、有村架純さんと菅田将暉さん演じる主人公たちが仲を深めるシーンがあったぐらい、サブカル方面では伝説的な番組みたいになっていますよね。

戸波　僕自身はそんな番組を自分が制作していたという意識がなくて、ほとんどリスナー感覚でしたよ。自分で編集も搬入もしているので、音源は何度も聴いてるんだけど、やっぱりオンエア時には必ずオンタイムで「あぁ、いいなぁ」って思いながら聴いてました。

向井　リスナーとしての気持ちはずっと消えなかったんですね。

戸波　『花束みたいな恋をした』については最初、ネットで評判を見た時に「夜電波」とか「菊地成孔」というワードがちょこちょこ出てくるので、気になって調べてみると、映画の中で番組のことに触れているらしいとわかって。「どんな触れられ方してるのかな、ちょっと怖いな」と思いながら映画を観に行ったんですが、番組の話が出てきた瞬間に泣いちゃいましたね。

向井　想いが込み上げてきて。

戸波　「やっててよかったなぁ」って思いました。

向井　「粋な夜電波」って結構いろんなことをやっていたと思うんですが、あの番組のスタイルはどのようにして決まっていったんですか。

戸波　全部菊地さんのアイデアです。菊地さんが全て選曲していますし、ラジオコントも自分で書いてくるので、打合せはほとんどしてません。

向井　台本も。

戸波　収録前日ぐらいに台本が送られてきて、必要な登場人物だけは教えてくれるので、慌ててキャスティングして。だから、僕やADさんがコントに出たりもしました。本当に、全部自分でやる方ですね、菊地さんは。

向井　へぇ～！　すごいですね。他に、菊地さんの喋り手としての魅力ってどんなところがありますか。

戸波　菊地さんって、ラジオを聴かない人なんですよ。唯一、浪人中にビートたけしさんのオールナイトニッポンを聴いてたぐらいで。良くも悪くも、ラジオ好きな感じがないところがいいですね。

向井　やっぱり「ラジオ好き」が嫌いなんですね（笑）

戸波　ごめんなさい、向井さんがそうだとか言うつもりはないんですけど、ラジオ好きの方って「ラジオが大好きで、ずっとやりたかったんです！」って軽妙なトーンで話すじゃないですか。それがあんまり好きじゃないんですよ（笑）。「あー、こいつもラジオ好きか」って思ってしまう。この業界に長いこといるので、近親憎悪かもしれないですね。

向井　なるほど。

戸波　菊地さんはいわゆるラジオパーソナリティっぽい喋りじゃないんです。落語家的というか、ミュージシャンなので喋り方に独特なリズムがある。あと、菊地さんってご実家が水商売で、番組をやっていた頃は新宿の歌舞伎町に住んでいたのもあって、ちょっと喋るだけで、酒やタバコ、セックスとか、夜の匂いがするんですよ。僕は、夜のネオン街が大好きなんで、その雰囲気に癒されたんですよね。綺麗な言い方をすれば「色気」だと思うんですけど、それが菊地さんの魅力だと思います。ＡＭラジオってどちらかと言えば、モテない人が聴いているイメージがあるじゃないですか。そっちの人に向けて「モテなくてもいいんだよ、こじらせてもいいんだよ」とやるのは、甘えている人をずっと甘やかして成長させていない気がする。むしろ、そういう人たちにはセックスの匂いがある人の話をどんどん聴かせたほうがいいなって思うんですよね。

向井　戸波さんのラジオ観、面白いですね。ラジオっていう大きなくくりの中にも、色々ありますからね。

戸波　そうなんですよね。一つにはまとめてほしくない。「ＡＭの深夜放送だから、暗いヤツやモテないヤツに向けて」というやり方はあんまり好きじゃないです。

ベテランディレクターの大きな悩み

向井　芸人さん以外に、俳優さんや舞台の方とのラジオも担当されてますよね。宮藤官九郎さんとか。

戸波　はい、やらせて頂いてましたね。

向井　宮藤さんの番組を始めたのは、どういうきっかけで？

戸波　大人計画の舞台を観に行った時、受付で社長さんが「今度、ＴＢＳラジオで宮藤が番組をやるんですよ」と言ってて「えっ、俺、それは知らないぞ」と驚いたんです。色々調べたら、とあるプロデューサーさんが宮藤官九郎さんのことをすごく好きで、企画を通したんだとわかった。そのプロデューサーに「宮藤さんの番組、ディレクターは決まってるんですか？」って聞いたら、「まだ決まってない」って言うから「やらせてください！」って頼み込んで、番組に入れてもらいました。

向井　それが二〇〇三～〇七年の「キック・ザ・カンクロー」。それが終わって、TOKYO FMに移って「カンクロード☆ヴァンダム」として続いたってことですか。

戸波　確か「キック・ザ・カンクロー」が三年半、「カンクロード☆ヴァンダム」が一年半の放送です。

向井　宮藤さんは現在もＴＢＳラジオで番組（「宮藤さんに言ってもしょうがないんですけど」）をやってらっしゃいますが、戸波さんはそちらへの関わりはないんですか。

戸波　前身番組「ACTION」が始まる時も、「また宮藤さんがＴＢＳで番組をやる」って聞きつけて、プロデューサーさんのところに「やらせてください！」って頼みに行ったんですけど。

向井　あ、その時も戸波さんは手を挙げてたんですね。

戸波　そうなんですよ。でも「もうディレクターは決まってます、ごめんなさい」と言われて。

向井　本当の気持ちとしては、やっぱりやりたかったですもんね。

戸波　それが、僕の課題ですね。もしも以前の番組で、宮藤さんが「戸波さんと一緒にやる番組は楽しいな」と思っていてくださってたら、ＴＢＳラジオでまた始まる時には僕に声がかかるじゃないですか。

だけど、そうはならないですね……。

向井　なんで悲しい話に着地するんですか（笑）

戸波　色々な方と番組をやってはいるけど、その人とはそれっきりで、次に続かないのが悩みなんですよ。番組が終わった後も相手と関係を繋いでいくのが下手くそなんですよね、僕。絆が一過性でしか続かなくて。

向井　いやいや、今現在やっている伯山さんと、番組の方向性についてあんなに熱い想いを戦わせてるんですから。

戸波　たぶん伯山さんも、今の番組が終わって次を始めることになったら、別のディレクターを……。

向井　悲しい話はやめてください！（笑）　でも本当に、ウッチャンナンチャンさん、爆笑問題さん、ビビる大木さん、サンドウィッチマンさんに、カンニング竹山さんなど、錚々たる方々と番組をやられていましたよね。自分の長い歴史の中で一番の失敗はなんですか。

戸波　本当の大失敗は、ここで言えないことだったりとかするんで……。

向井　はいはい。言える範囲で。

戸波　言える範囲のミスだといっぱいあって……。「椎名へきるのすっぴんすまいる。」（TBSラジオ）という番組をやっていたんですよ。収録の箱番組だったんですけど、ある朝、目が覚めたら、収録スタートの時間だったことがありました。慌ててマネージャーさんに「寝坊しました！　これから急いで行きますけど一時間かかります」って電話したら、「じゃあ、待ってますね」と言われて。

向井　パーソナリティをスタジオで待たせてしまっているわけですもんね。

戸波　そうそう。一時間後に「ごめんなさい」って謝りに行ったけど、椎名へきるちゃんは一切怒らず「大丈夫でしたか、戸波さん」って優しく声をかけてくれて。

向井　素敵な方じゃないですか。

戸波　本当にね。

向井　そして、椎名へきるさんとはやっぱり、今も絆が続いていて……。

戸波　いや、今は繋がりはないですね。番組が終わった後の打ち上げで「またやりましょうね」って言ったんですけど、それっきり。

向井　絆を作るのってなかなか難しいですね（笑）

〔二〇二一・五・二一〕

付記：今回の書籍化にあたり宮藤官九郎さんに原稿確認をしたところ、宮藤さんは自分と仕事をしたくないわけではないことが判りました（パーソナリティにDを指名する権限も特にないらしいです）。

　勝手な思い込みで語ってしまい、宮藤さんに申し訳なかったです。たまに局の廊下で会ってご挨拶はしていますが、機会がありましたらまたお仕事させてください。

戸波英剛

繋がりもアイデアも、現場で生まれる

小林洋平

（こばやし・ようへい）１９８６年生まれ、東京都出身。開成高校卒業後、大学と並行して「Ａ＆Ｇアカデミー」の放送作家コースに通い、卒業後、文化放送のアルバイト経験を経てフリーランスの構成作家へ。現在の担当番組は「SCHOOL OF LOCK!」〔TOKYO FM〕、「水瀬いのり MELODY FLAG」「内田雄馬 Heart Heat Hop」〔以上、文化放送〕、「内田真礼とおはなししません？」「ひだかくま」〔以上、超！Ａ＆Ｇ＋〕、「TrySailのTRYangle harmony」〔ニコニコ生放送〕、「原神公式ラジオテイワット放送局」〔音泉〕他多数。ラジオの他、アニメ系のイベント構成や担当声優のＦＣイベント構成なども行う。

今回の裏方さんは、「ちゃんこさん」こと構成作家の小林洋平さんです。小林さんはTOKYO FM「SCHOOL OF LOCK!」や文化放送「CultureZ」のほか、声優の皆さんがパーソナリティを務めるアニメ・声優番組をなんと二〇本以上も担当されています。アニラジについてもしっかりたっぷり聞かせて頂きたいと思っています。それでは「向井と裏方」スタートです。

向井　本日のゲスト、構成作家の小林洋平さんです。よろしくお願いします。

小林　……一つお願いなんですが、「小林さん」は慣れないので、「ちゃんこさん」と呼んでもらっていいですか？　もうラジオ局では「小林さん」で振り向けなくなっちゃってるんです（笑）

向井　じゃあ、「ちゃんこさん」と呼ばせて頂きます！　リスナーの方からもリクエストを頂いていました。東京都、とうだいもとあかりさん。「私が話を聞いてみたい裏方さんは、体重一八〇キロオーバーのちゃんこさんです」ということで。

小林　あっ、今は二〇キロ痩せて一六〇キロなんです！　ごめんなさい。みんなには誤差って言われますけど。

向井　ふふふ、今は一六〇キロだそうです（笑）。「ちゃんこさんは開成高校からA&Gアカデミー放送作家コースを卒業して作家になられたこともあり、アカデミー時代のお話も伺ってみたいです」とのことでした。

小林　ありがとうございます。開成高校からA&Gアカデミーって落第コースの学歴ですけどね（笑）

向井　開成って進学校ですもんね。じゃあ同級生もやっぱり。

小林　医者とか弁護士とか。

向井　そんな同級生の中、ちゃんこさんの進路が……。

小林　A&Gアカデミー。

向井　要は僕ら吉本芸人で言うNSC。養成所みたいなことですか？

小林　そうですね。作家の養成所みたいな感じです。僕はA&Gアカデミーの一期生だったんですけど、当時は三ヶ月で修了して卒業後、いきなり業界に放り出されました。文化放送がやっている養成所なので、それ関係のバイトは紹介してもらえるんですけどね。

向井　そもそもラジオ業界に入りたいと思ったタイミングはいつなんですか？

小林　小学生時代は勉強しかしていなくて、ラジオに全然触れないどころか、トレンドに疎くて同級生の会話についていけないほどでした。それでも開成に合格すれば、大学は指定校推薦があるだろうし、もう勉強しなくて済むと思ってたんですけど、入ってみたら開成には推薦がないことがわかったんですよね。「えっ、もう一度受験しなきゃダメなの？」とガックリきていたら、父さんが倒産したり、色々あって……。

向井　そんなポップなダジャレでやめてくださいよ（笑）

小林　父さんが倒産（笑）。まぁそれで家庭環境的にも「お金がないから大学無理かもね」ということになり、じゃあどうするかと。中学に入ってから友達の勧めでラジオを聴くようになっていたので、「ラジオの仕事に就くのもいいかもなぁ」と意識するようになりました。

「西川貴教のANN」に衝撃

向井　その頃はどんな番組を聴いていたんですか？

小林　色々聴いていたけど、一番は「西川貴教のオールナイトニッポン」（ニッポン放送）ですね。まだ子どもだから、あまり深夜だと起きていられなくて、夜一〇時から放送だった「オールナイトニッポン」が時間的にちょうどよかったんです。

向井　そうだった、そうだった。あの頃は夜一〇時からでしたよね。

小林　二〇〇一年の「西川貴教のオールナイトニッポン」の生放送中に9.11テロが起きまして、今思えば異例のジャッジなんですけど、放送特番に切り替えず、そのまま西川さんがアナウンサーさんと一緒に現地の状況とかを伝えていて、それを聴いて、「あっ。ラジオってすごいな」とカルチャーショックを受けました。ラジオで第一報を聴いて、親父を起こしてテレビをつけたので、速報性という意味でもラジオの強さを感じました。

向井　なるほど。そういう印象的な出来事もあって、「大学に行けないかも」となった時にパッとラジオの仕事が思いついたんですね。

小林　そうなんですよ。で、ラジオを聴き続けていたら、「A&Gアカデミー開校！　放送作家、ディレクター募集！」っていうCMが流れてきて、親戚に頭下げてお金借りて入学しました。

向井　入学試験みたいなものはあったんですか？

小林　面接みたいなのがありましたよ。一五〇人くらい応募があって、合格者は一〇人と聞きました。

向井　そんなに狭き門なんですか！

小林　あくまで一期生の募集だったからで、今は違うと思うんですけどね。

向井　「文化放送の学校に入るってことは、これからずっと文化放送の番組をやっていくのかな」とは考えましたか？

小林　そもそも入れるのかもわからないし、「ラジオに何か関わりたい」くらいのスタートだったので、あまり深くは考えていませんでした。ディレクターじゃなくて作家コースを

選んだのも、「作家のほうがスタジオで笑ったりしていて楽そうだし、こっちならイケるかも」と思ったからですし（笑）

向井　三ヶ月のコースとのことですが、どんなことを習ったんですか？

小林　企画書とか台本の書き方ですね。

向井　成績は出るんですか？

小林　卒業制作のあと、各コースの先生やプロデューサーの投票で優秀者は決められました。ちなみに僕、最優秀賞だったんです。結果卒業後にはあんまり関係なかったんですけどね。

向井　その頃の同期は業界に残っていますか？

小林　同じ一期生は四、五人いると思います。文化放送でもたまに会います。

いきなり週五で看板番組に

向井　卒業後は「これから先はこの番組のもとで勉強しなさい」みたいなツテはなく……。

小林　「おめでとう。あとは各自で頑張ってね」です（笑）。まぁ文化放送のアルバイトは定期的に紹介されるので、イベントの整理、誘導とかをやっていました。そんな生活を半年くらい続けていたら、バイトリーダー的なポジションになりまして、そしたら、ある公録で僕が片付けをしていた時、お世話になっている社員さんに「小林。新番組のスタッフ募集してるらしいからどう？」と声をかけてもらって、その新番組が「大竹まこと ゴールデンラジオ！」〔文化放送〕でした。

向井　いきなりそんな看板番組！

小林　まぁ一年でクビになっちゃったんですけどね。

向井　えっ、ちょっと待って。順を追って聞きたい。「ゴールデンラジオ」では、どういうポジションだったんですか？

小林　あの番組って放送開始すぐは、ちゃんとしたサブ作家の人がいなかったんですよ。だから僕が全曜日に入って、メール出しとか雑用をやってました。

向井　いきなり全曜日にいたんですか？

小林　そうですね。実は「ゴールデンラジオ」が始まる頃、家の状況がちょっと落ち着き、親に「やっぱり大学行ったら？」と勧められて、大学にも通ってたんですよ。でもラジオの現場のほうが楽しいじゃないですか。仲間由紀恵さんに麦茶出したりできるし（笑）。ギャラは安いといえど、週五で入るということは、そのまま業界でやっていけるのかもしれないと考えて、大学を半年で辞めました。

向井　思い切りがいい……！　でもその頃はまだ雑用ですよね。「思っていた仕事と違う」とキツく感じたりはしませんでしたか？

小林　水やお菓子を買いに行ったり、メイン作家さんにメールを渡すくらいで、やることといえば雑用も雑用でしたが、とにかく現場にいるのが毎日楽しかったです。

向井　ちなみに、その時体重は？

小林　一五〇キロはあったと思います。

向井　その頃から体重はしっかりあったんですね（笑）。しばらくは「ゴールデンラジオ」一本だけやる生活でしたか？

小林　文化放送に毎日出入りしてたら、バイト時代に知り合ったプロデューサーとたまに出くわして、「あれっ？　どうしたの？」「『ゴールデンラジオ』で働かせてもらっていて……」なんてやり取りになるんです。そしたら、「じゃあこれも手伝ってよ」という話になって、一年目の段階で四、五番組ほど携わることができていました。

向井　いろんな裏方さんの話を聞いてきて、共通しているのは「繋がり」の大事さです。もちろん作家さんとしての才能とかも大事ですけど、最初は繋がりから仕事が増えていく。やっぱりそういうものなんですねぇ。

小林　スタートラインの作家なんて能力値はみんな似たようなもので、そこから現場でどれだけ吸収していけるかですから、あとは本当に最初は運だと思います。僕が幸運だったのは、一年目の秋頃だったかな。「アニスパ！」のADが空いて、そこにたまたま入れたんですよ。しかもその番組の作家さんというのが、今も「SCHOOL OF LOCK!」などを担当している諏訪勝さんで、僕の師匠にあたる方。諏訪さんとは、そこで出会いました。

向井　雑用から、番組の中身作りをできるようになったきっかけも「アニスパ!」ですか?

小林　文化放送A&Gゾーンは番組数が多いので、声優の卵の卵みたいな若手の子たちの番組はすでに台本を書かせてもらっていました。でも「アニスパ!」や「ゴールデンラジオ」から吸収できたものは多かったですね。

オファーを断らない理由

向井　現在アニラジを二〇番組以上担当されていますが、それだけ仕事が来るのは、やっぱり信用の積み重ねがあるからこそじゃないですか。アニラジを作る上で心がけていることはありますか?

小林　声優さんはお芝居が本業で、ラジオはおまけって言ったらアレですけど、メインの仕事じゃないとは思うんです。だからこそラジオで辛い思いをするのは可哀想じゃないですか。「楽しい現場になればいいな」とは心がけていますね。

向井　せめてラジオの現場に来る時は、なんのストレスもないように。

小林　そうそう。だから「フリートーク用意してきて」とは絶対言いません。「何もなければお便りを読めばいいし、気楽に来てください」と伝えますね。

向井　そこはすごく裏方さんによって変わる部分ですよね。事前に「フリートークある?」と聞いて、実際喋ってもらった上で「そこはもっとこうしたほうがいい」みたいにアドバイスするタイプの方もいるじゃないですか。

小林　僕も「フリートークある?」とは聞きますが、そこまでディレクションはしていません。なんなら録音番組は後で編集できますし、好きなようにやって、楽しい気持ちで帰ってもらいたいので。メインの仕事じゃない分、声優さんに対しては、「ラジオに来て頂いている」くらいに思ってますね。

向井　でもそれで声優さんがのびのびやった結果、番組が面白くなって、ちゃんこさんの仕事も増えていくという。アニラジ含めて今だいたい何本くらい担当しているんですか。

小林　月一の番組とかもあるので、あまり数えていないですけど、二五くらいじゃないですかね。

向井　新しいオファーが来たとした

ら、まだできますか？

小林　とりあえず「やる」って答えるでしょうね。

向井　えーっ。それってなんでですか？

小林　なんですかね。渇きじゃないですか（笑）

向井　まだ渇いてます？

小林　たぶん一生渇いていると思いますよ。もはや自分への洗脳ですね。「お前はまだやれるぞ！」みたいな。

向井　パンクしないんだ。

小林　いや、たぶんパンクは何度もしてるんですよ。迷惑もかけてますし（笑）。そのたびに防波堤を少しずつ増やしている感覚です。

向井　身の丈を超えた仕事をすることで、自分の身の丈を大きくしていくスタイルなんですね。これまで素敵な声優さんといっぱいお仕事をされてきたと思いますが、特に印象に残っている方を強いて挙げるとすればどなたでしょうか？

小林　難しいなぁ……。今仕事をしている方だと、「CultureZ」の月曜パーソナリティの夏川椎菜さんですね。元々ブログが面白くて、一度番組をやらせてもらったこともあったので、きっと深夜の生放送もイケるだろうと思ってオファーさせて頂いたんですが、頭一つ抜けている感じがします。フリートークの内容を妹相手に一度話して「この部分はいらないな」と取捨選択してから現場に持ってきてるらしいんですよ。だからトークが仕上がっています。

向井　素晴らしい！　それって芸人のやり方ですもんね。

小林　深夜の生放送とも噛み合っています。

向井　ちゃんこさんは仕事のスイッチってずっと入ってますか？

小林　二〇代は駆け抜けるように仕事していたので、三〇の時に「全部辞めようかな」という瞬間はありました。インプットが足りてなくて、カラッカラの雑巾に水を数滴垂らしてまたすぐ絞るみたいな作業をずっとしてた感覚なんですよ。あとはアニメ・声優業界って土日はイベントが多くて、その構成にも入っていたので、平日はラジオで、週末はイベントで、四ヶ月休みゼロみたいな時期もありました。

向井　しかもアニラジだと、作品を観る時間も取らなきゃいけない。

小林　そうですね。でもアニメを観るのは苦じゃないので、そこは適性があったということかもしれません。アニラジの仕事が増えた理由として、僕が結構ちゃんと作品を観た上で台本を書いているところもあると思っています。作家さんによっては「二話の感想トーク」とだけ台本に書いて声優さんにお任せする人もいるんですけど、僕は声優さんが喋りやすいように「今週は○○な展開でしたね」みたいにあらすじを踏まえて台本を書いています。

向井　なるほど。でもその分、大変にはなりますよね。

小林　アニメの振り返りを書くっていうのは、やっぱり相当カロリーが高い作業ではあります。同時期にMAXで五本くらいやれたらいいほうじゃないかな。

向井　でもオファーが来たらやる心持ちではいるんですもんね。

小林　よほどじゃない限り、断らない気がします。「やれるだろう」と思っちゃうんでしょうね。最終的に落とすことはないだろう、と。

向井　じゃあ多忙な中、何とかインプットのための時間も作って。

小林　ただ、コロナ禍で土日のイベントが全部なくなって、急に暇になったんですよ。土日の休みで映画やドラマを観られるようになりました。休みがなくて、自分の担当しているラジオ以外は長らく聴けてなかったんですけど、radikoのプレミアム登録をして、それこそオールナイトとかJUNKを聴き始めて。ここ二年でまたラジオを聴く生活になりました。三〇代入ってすぐの頃の「もう全部辞めよう」という気持ちがなくなって、代わりにまたラジオを聴く楽しさが出てきて。

向井　すると、ラジオを作る楽しさも出てくるっていう。

小林　そうなんですよ！　それで「二時間の生やりたいなぁ」とか考えてたら、面白いもので「CultureZ」のオファーが来ました。

さらに舞い込んだ「SOL」のオファー

向井　「SCHOOL OF LOCK!」はアニラジとは作り方がまた違うと思いますが、これはどういうきっかけでお話が来たんですか？

小林　諏訪さんの繋がりです。「ゴールデンラジオ」は一年でスタッフがだいぶ代わって、そのタイミングで僕も降りたというかクビになっちゃったんですけど、それまで週五で「ゴールデンラジオ」に入っていたから暇になっちゃったんですよね。「アニスパ！」の現場で諏訪さんに「暇になっちゃったんですよ」と話したら、「じゃあ『SCHOOL OF LOCK!』の掲示板でもやる？」と声をかけられました。

向井　やっぱり人の繋がりだなぁ。

小林　「SCHOOL OF LOCK!」にはリスナーが投稿する掲示板があるんですけど、内容によってはアップせずに弾かないといけない。要はメールをたくさん読む作業ですよね。その日のテーマ的によさそうな投稿があればピックアップしてサブ作家さんに渡して、サブ作家さんはその中から電話仕込みをする。そういう掲示板の作業を二、三年やってました。あとは、「SCHOOL OF LOCK!」の箱番組としてBase Ball Bearさんの「ベボベLOCKS!」というのがあって、そこの作家さんが辞めるということで後任に入れたんですよ。でも「ベボベLOCKS!」が終わってからは、ずっと「SCHOOL OF LOCK!」に関わっていなかったんですが、ある時諏訪さんに雑談で「女優さんと仕事したいから『GIRLS LOCKS!』やらせてくださいよ」みたいなことを冗談で言ってたら、その半年後に『SCHOOL OF LOCK!』やりたいって言ってたよね？」と電話がかかってきて、「やりたいです」って答えたら、「メインなんだけど」って。

向井　いきなり!?

小林　諏訪さんとは長い付き合いで、諏訪さんが立ち上げた「ユニゾン！」という生ワイド番組にもメインで入っていたりしたんで、生放送の作家をやれる後輩だとは思ってもらえていたんでしょうけど……。即オーケーはできず、「ちょっと考えさせてください」と返事しました。

向井　さすがに大きすぎる話というか……。

小林　「CultureZ」が始まったばかりのタイミングだったので、「ただでさえ深夜の生を二本抱えているところに、もう一本いけるのか？」と悩んだんですけど、やっぱりキャリア的には受けたほうがいいと判断しました。

向井　やってみて、どうですか？

小林　「SCHOOL OF LOCK!」って

生徒と電話で色々話した後、かかる曲がぴったりなんですよ。サブ作家がちゃんと仕込んでいるので、電話の内容は事前になんとなくわかっているんですけど、会話の流れでその子にばっちり刺さる曲を選べるのは、ディレクターの腕前ですよね。

向井　単純に頭の引き出しに曲が入っていないと無理だし、スッと選べる瞬発力も必要だし。

小林　しかもAMと違って曲紹介がなくて、トークのお尻にきれいに曲をぶつけるんです。これをやれるディレクターはなかなかいないと思います。掲示板作業に入っていた頃から感動していました。

向井　質問メールを頂いております。こちら、しろまるさんでいいのかな？「『SCHOOL OF LOCK!』の生徒として出演、嬉しいです。ポケモンやボカロをテーマに丸々二時間やり通すなど、ちゃんこ先生が立てる企画は、かなり趣味全開な気がします。なのにどうしてみんなが楽しめる企画になるんでしょうか？　意識していることがあれば、聞いてみたいです」。

小林　すごく嬉しいことを言ってくれますね。僕は良くも悪くも「SCHOOL OF LOCK!」にずっといたわけではないからこそ、なんか固定概念なく……。

向井　新しい風を吹かせるんだ。

小林　そうなんですかね？　ある意味、ちょっとオタク的な部分を請け負っているというか。僕はやっぱり文化放送とかでVTuberさんとも仕事してたり、「歌ってみた」とかの文化も知ってたり、ボカロもある程度詳しいんで、「ちゃんこやってよ」と任せてもらうこともありました。

向井　YouTubeの配信番組で、自分が喋るほうもやってますよね。「ボカロLOCKS!」。

小林　「ボカロLOCKS!」が始まるとなって、メインMCは誰を立てるんだろうと思ってたら、「ちゃんこやって」って言われて、「そんなことある?」と。

向井　作家として番組をたくさん抱えているのに、そっちも断らないんですね。

小林　今、声優の内田真《ま》礼《あや》さんのリリースイベントで司会もやってますから。

向井　断らないねぇ～。最初に自分が表に出た仕事って何でしたか？

小林　「ちゃんこ」って名前の起源でもあるんですけど、「ＤＧＳ」（「神谷浩史・小野大輔のDearGirl〜Stories〜」）っていう人気番組があって、「アニスパ！」の後に諏訪さんとプロデューサーが「ＤＧＳ」の企画会議をしていました。僕は他の番組で残ってるスタッフと遊んだりするのが楽しいから、「アニスパ！」の後は放送局に毎週泊まってたんですよ。

向井　本当に現場が好きなんだ。もはや才能ですね。俺は本番終わったらすぐ帰っちゃうのに（笑）

小林　放送局が大好きなんです。で、「ＤＧＳ」の企画会議で「大食い芸人を番組に呼べないか？」みたいな話をしている時に、諏訪さんが僕を見て、「お前でいいじゃん」と。

向井　まぁ体格見たらね。

小林　それで「文化放送専属大食いデブ」みたいな役職をつけられて番組に出ました。小林君だとアレだから名前を別に用意しようということになり、諏訪さんに「ビッグマック小林と、小林ちゃんこちゃんこちゃん。どっちがいい？」という二択を迫られ、ビッグマックだとマックのイメージがつきすぎるから、ちゃんこを選びました。結果、そこから「ちゃんこ」です。

向井　ちゃんこさんの話を聞いて本当に感じるのは、やっぱり人との繋がりや運とタイミングの大事さです。でもそれらを引き寄せるのは結局、「現場が好き」っていう気持ちなんでしょうね。

小林　そうですね。それはあるかもしれません。

向井　いや、すごい話ですわ。

〔二〇二二・五・二〇〕

人間の毒々しいものを浄化してくれたラジオ

寺坂直毅

（てらさか・なおき）放送作家。1980年、宮崎県生まれ。「星野源のオールナイトニッポン」「松任谷由実のオールナイトニッポンGOLD」〔ニッポン放送〕、「シン・ラジオ」〔bayfm〕、「うたコン」「おげんさんといっしょ」〔NHK総合〕などの構成を担当。デパートの知識も豊富で、著書に『胸騒ぎのデパート』（東京書籍）がある。

今回は、ニッポン放送で「星野源のオールナイトニッポン」を担当されている裏方さん、放送作家の寺坂直毅さんに来て頂きました。僕が学生時代に観ていた「やりすぎコージー」という番組に「イマヒガチルドレン 寺坂という男」って回があって、寺坂さんが「今田さん、東野さんに救われた。特にお二人のラジオに救われた」とお話しされてたのを観てるんです。今日はもうまさにその辺りのお話も聞きたいですし、星野源さんのこともお聞きしたいと思います。どんなトークになるんでしょうか。それでは「向井と裏方」地上波二時間スペシャルスタートです。

向井　放送作家の寺坂直毅さんです。よろしくお願いします。

寺坂　お願いします。

向井　緊張されているということですが、普段星野源さんのオールナイトニッポンでもお話しされていますし、先日はインスタライブでも一時間弱お一人でお喋りされていましたよね。

寺坂　星野さんに「インスタライブをやってみたら？」と言われ、自分が好きなデパートの話をしました。

向井　デパートがお好きなんですよね。今回は寺坂さんのお好きなものの一つであるラジオについて伺っていければと。

寺坂　かしこまりました。

向井　僕が寺坂さんを初めて認識したのは、今田耕司さんと東野幸治さんの「やりすぎコージー」〔テレビ東京〕でした。

寺坂　そうなんですね。

向井　寺坂さんはお二人のラジオに助けられたそうですね。

寺坂　僕が高校二年生くらいの頃にやっていた「今田耕司・東野幸治のCome on FUNKY Lips!」〔文化放送〕って番組ですね。当時僕は引きこもりだったんです。中学には通ってなくて、高校は定時制に行っていて。僕の高校の隣に県のトップの進学校があって、僕が夕方に登校する時、進学校のエリートたちが帰っていくんです。その学校の制服を見るたび、イライラ、ムカムカムカムカ。

向井　モヤモヤモヤモヤ（笑）

寺坂　ジェラシーですよね。そんな中で今田さんと東野さんに救われていて。今田さんが定時制高校出身なので、「定時制あるある」をよく話されるんです。例えば、学校に漬物を持ってきたおばちゃんがいる、とか。

向井　年齢層が広いから。

寺坂　「定時制高校出身でも今田さんみたいにかっこいい大人になれるんだ」って。「自分も頑張れるかな」と思って聴いてました。

向井　いつ頃からラジオを聴くように？

寺坂　中学二年生で、まさに引きこもってる最中でした。引きこもると昼夜逆転するんです。僕はいま四〇歳ですけど、当時は子ども部屋にテレビなんかない時代で。パソコンもないし、もちろんスマホもない。

向井　ですよね。

寺坂　なので、母親が買ってくれたラジカセが唯一の娯楽で。ある日も、眠れなくて深夜一時にラジオをつけたら、ちょうどオールナイトニッポンの時間で。当時は月曜日が中居正広さん、火曜日が石川よしひろさん、水曜日が松村邦洋さん、木曜日がナインティナインさん、金曜日がウッチャンナンチャンさん、土曜日はユーミン〔松任谷由実〕がレギュラーでした。一時なんて普通なら寝てる時間なのに、こんなトップの芸能人の方たちが生で話してるなんてすごいなぁって感激して、そこから月曜から土曜まで聴くようになりました。

引きこもりだった僕のラジオネームが読まれた日

向井　お笑いやバラエティ番組は元々お好きでしたか？

寺坂　一応テレビは観てたけど、僕のいた宮崎県って民放が二局しかないんです。例えば「ガキ使」〔「ダウンタウンのガキの使いやあらへんで！」〕とか「進め！電波少年」〔どちらも日本テレビ系〕

はやってなくて。あと「ダウンタウンのごっつええ感じ」〈フジテレビ系〉もない。だから、やっぱりラジオでした。

向井　ラジオにハガキを送り始めたのは？

寺坂　中学二年生の二月くらいに、初めて「ナインティナインのオールナイトニッポン」の「悪い人の夢」に一枚だけ送ってみたんです。そしたらいきなり読まれて。

向井　一枚だけ送ったハガキが！

寺坂　はい、しかもトリ。

向井　それはグッと来ますね。

寺坂　いつも通りその時も放送を録音していたんですが、自分のラジオネームが読まれた瞬間に、なぜか音量をオフにして。

向井　なんでですか！（笑）

寺坂　いや、わからないけど、心臓がバクバクして……。信じられないから。それで母親を起こしに行きました。「読まれた～！」って。ほんと、すごく快感で。宮崎には友達が一人もいないけど、東京の、有楽町の、しかもナインティナインが僕の文章を読んだって。

向井　しかも笑ってる。

寺坂　矢部さんが笑ってる。作家さんも笑ってる。そこにカーッとたぎるものがあって。

向井　それからいろんなラジオに送るように？

寺坂　はい。でも、ナインティナインさんでは一切読まれなくなったんです。

向井 ナイナイさんのオールナイトはレベルが高いですよね。

寺坂 のちに何人もプロになっていますからね。

向井 だからよく一通目が読まれたっていう。

寺坂 奇跡ですよね。それで、高校二年生の時に「Come on FUNKY Lips!」が始まって、宮崎放送でもネットするようになったので、ハガキを送っていたら読まれるようになりました。ハガキは七枚出したら三枚読まれるくらいの確率で、リアルタイムではファックスも送って。

向井 今田さん東野さんのラジオは特別な存在だったんですね。

寺坂 特別ですね。東野さんが「あいつ死んだらいいのに」みたいなことを言うんです。自分も人の不幸を笑っちゃうみたいな性格なので。

向井 でも、そういう気持ちとラジオには親和性がありますよね。

寺坂 僕たちの気持ちをわかってくれるカリスマのようで。東野さんに関しては神様のように思っていました。人間の毒々しいものを浄化してくれるというか。当時のラジオネームが、大阪の「居酒屋たこしげ」って芸人さんがよく行かれるお店をもじった「居酒屋いかしげ」で。最初は「宮崎市の居酒屋いかしげ」と読んでいたのを、徐々に今田さんが「宮崎市のいかしげ」とか略してくれるんですよ。

向井 （笑）

寺坂 「あぁ～覚えられてる！」みたいな。それだけでも宮崎の田舎者は興奮するわけです。

ＡＤを始めてすぐ東野さんの番組を担当

向井　その頃からラジオ業界やエンタメの世界で働きたいと思っていたんですか？

寺坂　はい。今田さんや東野さんが話している後ろに、作家さんがお二人いらっしゃって。妹尾匡夫さんと長谷川朝二さん。お二人とも笑い声が独特で、僕も後ろで笑い声を出す側になりたいと思うようになりました。

向井　そこからどうやって業界に？

寺坂　長谷川さんに弟子入りしようと、東京に来て事務所の前をウロウロしたけどうまくいかなくて。結局、放送作家になれるっていう東放学園専門学校に入りました。二年になって就職を考える時期に、学校に貼ってあった求人票に「放送作家募集」っていうのを見つけて。履歴書を持って行ったら「作家になるなんて甘い」「ＡＤやれ」って言われて、テレビのＡＤになりました。

向井　お話を伺う限り、ラジオ好きな方に非常に多い性質というか、とても繊細な方だと思うんです。そんな方がいきなりテレビのＡＤの世界に飛び込んだら、精神的にキツくなかったかなって。

寺坂　それが、ＡＤになって一、二年目でいきなり東野さんの番組を担当することになったんです。東海テレビの東京制作部が作っていた、東野さんと藤井隆さんがＭＣの「年の差バトル！言い分vsEぶん!!」という番組で。しかもその番組の作家さんが長谷川さん。

向井 おお！

寺坂 仕事自体はキツかったけど、東野さんがいるから頑張れて。番組のディレクターさんに、自分がハガキ職人だったことを伝えていたんです。そうしたらある時、ディレクターさんが東野さんに「こいつ、ハガキ職人だったらしいんですよ」って。

向井 紹介してくれて。

寺坂 「ADの寺坂です」って名乗ると、「ラジオネーム何？」って東野さんに聞かれて。「『居酒屋いかしげ』です」って答えたら、「ああ、覚えてる覚えてる！　作家になったんや」って。その時に「今はADだけど何とか作家にならなきゃいけない。頑張ろう」と思いました。

「好き」の発信が仕事に繋がる

向井 その後どうやって作家さんに？

寺坂 そこからたまたまある新番組のリサーチャーの仕事に就いて。

向井 リサーチャーという仕事は何を？

寺坂 例えば牛乳がテーマなら、牛乳の栄養や最新のニュースを図書館で調べて、紙にまとめて作家さんに提出する仕事です。当時の僕は作家見習いとしてその仕事をしていました。

向井 そこから徐々に作家の世界に。

寺坂　はい。会議にも参加して、作家さんやディレクターさんと交流するようになって。

向井　そこから仕事が広がっていくわけですか？

寺坂　そうですね。その新番組の作家さんに松本真一さんという方がいて。

向井　吉本の芸人さん周りの優秀な作家さんですね。

寺坂　松本さんが、ロンブーさんとロバートさんがMCで、八〇年代に活躍した昭和のアイドルをゲストに招く「ロンロバ！金メダル！」〔TBS系〕って番組を担当されていて。で、僕は当時昭和の歌番組が好きだったんです。

向井　紅白歌合戦にお詳しいんですよね。

寺坂　その話を松本さんにもしていて。それでその番組のリサーチャーさんが辞められた時に「紅白とか詳しいから入れ」と松本さんが呼んでくださって。その時の総合演出の方が、「ガキ使」とか「東野・岡村の旅猿」〔「東野・岡村の旅猿 プライベートでごめんなさい…」日本テレビ系〕で有名なつっつんさんこと堤本幸男さん。

向井　有名ですね。

寺坂　ある日堤本さんから「今度、今田・東野でラジオっぽいテレビ番組やるけど、やる？」って。それが「やりにげコージー」〔テレビ東京系〕でした。

向井　「やりすぎコージー」の前身の。

寺坂　そこからバラエティの作家として何とか……という感じですね。

向井　紅白好き、ラジオ好き、今田さん東野さん好き。全部繋がって仕事に。

寺坂　はい。閉じこもっていた時期が長いので、色々好きなものはあって。

東野さんのそういうところが好き！

寺坂　「やりにげコージー」には長谷川朝二さんもいて。長谷川さんと同じ事務所で、「アメトーク！」〔テレビ朝日系〕を手がける遠藤敬さんにも自分の好きなものの話をしていたんです。そしたら「やりすぎコージー」の新年会で遠藤さんが、「若手の一番下の奴、目立たんけどデパートとか紅白とか好きらしいですよ」って今田さん東野さんに言ってくれて。その流れで紅白の曲紹介の口上をやったら、「お前で一本やる」と決まりました。

向井　それが僕の見た「寺坂という男」に繋がっていくんだ。

寺坂　ということなんです。

向井　先日の東野さんのオールナイトニッポンも。

寺坂　はい、作家で入りました。

向井　どんなお気持ちでした？

寺坂　それはもう夢というか。ただおわかりだと思いますが、東野さんって静かじゃないですか。とんでもなく怖いんです。

向井　わかります。シャイというか。

寺坂　触れちゃいけないバリアがある。「やりすぎコージー」を六、七年やってそれをわかっていて、「どうせ僕のことなんてわかってないし」と思って参加したんです。で、吉本さんの事務所に打合せで行ったら、案の定僕には特に何も触れず、目も合わせない。持って行った企画も「はい、いいっすよ、いいっすよ」みたいな。

向井　「もっとこうしたほうがいいんじゃない？」みたいなのはなく。

寺坂　なく。で、ディレクターが野上〈大貴〉くんという若いディレクターで、まだ若かったので言葉に詰まる場面もあって。それで僕が口を挟んでいきながら、まあ何もなく終わったんです。その後たまたま「旅猿」のプロデューサーの今滝〈陽介〉さんがいらして、打合せの雰囲気を話したら、「東野さんが『うんうん』って言う時は大丈夫だよ」って教えてくれてホッとしました。でも怖いから、当日は静かにしていようと。それでいざオールナイトニッポンが始まったら、冒頭で東野さんが「寺坂が」って。

向井　いきなりイジられてましたよね。「星野源さんと俺、どっちが大切か選べ」みたいな。

寺坂　「打合せでもディレクターを食おうとするし」って。本当に怖かったです。

向井　すごいな。ちゃんと頭に残しているけど、その場では言わない。

寺坂　バリアを感じて、一時から放送が始まるけど一二時五〇分までスタジオの外で待ってたんですよ。

向井　何か考えていらっしゃるかなって配慮して。

寺坂　そうしたら「スタッフ、誰も入ってこんし」「誰も俺の前に来へん」とか言い始めるんで、「やられた、大好き！」って。

向井 「たまんない〜」って（笑）

寺坂 「僕の好きな東野幸治さん、そういうとこや！」と思いました。

スクランブル交差点の真ん中から生放送

向井 寺坂さんは数々の番組を手がけられていますが、中でも星野源さんのオールナイトニッポンの作家さんとしての印象が強いと思います。星野さんとの最初の出会いは？

寺坂 J-WAVEの「RADIPEDIA」です。めがねちゃんこと長沼けい子さんに誘ってもらって作家として参加していたのですが、二〇一一年に星野さんが水曜日を担当されることになって、そこからですね。

向井 最初の印象は？

寺坂 今も昔も変わらなくて、星野さんも中学高校時代にラジオをヘビーに聴かれていたので、何よりもリスナーさんの気持ちを考えながら喋るのがすごいなぁって。

向井 で、今星野さんのオールナイトをやっているわけじゃないですか。

寺坂 はい。「RADIPEDIA」が二〇一四年に終了してそこから何もなかったのですが、星野さんがオールナイトニッポンを始める時に、作家を寺坂さんでと。

向井 今何年目ですか？

寺坂 六年目ですね。

向井　印象に残ってる回は？

寺坂　もう色々……。最近だと、去年の一一月に星野さんが火曜日の夜一〇時からＮＨＫで「おげんさんといっしょ」という番組を生放送されたんです。で、その日の深夜一時からオールナイトニッポンだったので、星野さんのアイデアで「放送の冒頭、ＮＨＫからやってみない？」って。

向井　おお！

寺坂　最初は「難しそうだぞ」と思いましたけどね。調べたら、ＮＨＫからニッポン放送までは一五分で。まっすぐ行くと国道二四六号線を通るけど、「ここはちょっと遊ぼう」と僕と野上ディレクターで考えて。あえて渋谷のスクランブルの交差点を通って、あえて古巣のJ-WAVEの前を通って、しかもＴＢＳラジオの前を通って。

向井　面白い！

寺坂　当日スクランブル交差点を通る時に星野さんが窓を開けて「今スクランブルの真ん中からラジオやってるぞ！」って。あれはちょっと震えましたね。

〔二〇二一・八・六〕

どこからでもリスナーが入れる番組づくり

辻 慎也

（つじ・しんや）ラジオディレクター。１９７６年生まれ、大阪府出身。高校卒業後上京。専門学校卒業後、１９９７年ラジオ番組制作会社ラジオプレスに入社。現在、制作会社アナザー所属。過去に「つるの剛士 BPR5000」「WANTED!（バナナマン）」「ロバートのガッチャ・ガッチャ」「4Rooms（NON STYLE）」「小室哲哉 Radio Digitalian」などを担当。現在は「金曜JUNK バナナマンのバナナムーンGOLD」「パンサー向井の#ふらっと」〔以上、ＴＢＳラジオ〕、「有吉弘行のSUNDAY NIGHT DREAMER」「S.I.N NEXT GENERATION」〔以上、ＪＦＮ〕、「オークラ質問のコメディ」〔Amazon Audible〕などを担当。

さあ、今回の裏方さんはＴＢＳラジオ金曜JUNK「バナナマンのバナナムーンGOLD」の担当もされていますし、僕がやってる「#ふらっと」の木曜日を担当してくれてまして。お仕事してからわかったことなんですけど、音にすごいこだわりを持っているというか、気持ちいいＢＧＭのタイミングで喋りを載せることを意識されているイメージがあります。そこらへんも聞いてみたいですし、今日一二月一六日はせっかく私も誕生日なので、たくさん褒めてほしいのもあったりしますけれども（笑）。どんな裏方トークになるんでしょうか。「向井と裏方」スタートです。

向井　本日の裏方さんはディレクターの辻慎也さんです。よろしくお願いします。

辻　どうも。よろしくお願いしまーす！

向井　……いやいや、そんなんじゃないじゃないですか。めちゃめちゃ元気に入ってくれましたけど。

辻　いや、緊張してるんですよ。

向井　意外なんですけど。有吉さん、バナナマンさんの番組でお名前聞いていて、辻さんはオシャレな人のイメージがありました。でも、意外と緊張されてるんです、これが。

辻　タバコの本数が半端ないんですよ。どうしよ、どうしよって。

向井　この番組はラジオ好きな方が聴いてくれてるんですけど、早目の段階から「辻さんのお話を聞きたい」という声があって。で、今回で九九回目なんですけど、放送三回目くらいから、オファーは行ってますよね。

辻　この番組のディレクターの植木〔海斗〕君から、ぜひ出てくださいと言われまして。

向井　はい。

辻　嫌です、と。

向井　なんでなんですかぁ。

辻　この番組は、裏方さんを呼ぶのはわかってはいるんですけど。僕はね、裏方の中でも裏方なんです。ここにも来た「バナナムーン」スタッフのジャニオタちゃん〔中村祐子〕と、ドロボー君〔中村雅史〕。彼らは番組のマスコットキャラクターだから、出て正解なんですよ。

向井　はいはいはいはい。

辻　だけど僕は基本的に出たくないんです。いや正直、名前を呼ばれるくらいなら嬉しい時もあります、そりゃ当然。

向井　出演することはない？

辻　ないですね。ただ、「バナナムーン」は、ジャニオタちゃんがバレンタインをみんなにくれるんで。ちゃんとお礼をみんなから渡そう、ということで「地獄のホワイトデー」と言われる年一の企画で一人ずつプレゼンする。

向井　そこは出るわけですよね？

辻　そうです。アレが一番地獄なんですよ。

向井　だからこの番組のオファーも、「ちょっと遠慮しときます」と。

辻　基本的に、僕はアガリ症で。昔からクラスで「はい、辻君、一文読んでください」とか振られると、ガタガタガタガタッ。いま身体、ビッシャビシャなんです、汗で。ちょっと触る？

向井　いいです（笑）。でも、逆になんでこのタイミングで、オッケーして頂いたのかも非常に気になる。

辻　だって、向井君からも「出てくださいよ」と言われて、それでもお断りしていたら、向井君のマネージャーさんから「出てくださいよ」とLINEが来て。

向井　最終的に、うちのマネージャーからのオファー。

辻　そうなんですよ。一周回って「裏方で断るって何なんだよ？」と。俺、すごい迷惑かけちゃってるなと思って。あとは、僕もラジオの仕事を始めて、二五年くらい経つんですね。ラジオをこれからやっていきたい子がもし聴いていたら、少しだけでも力になれたらいいのかな、って。

辿り着いたのはラジオ業界

向井　ありがたいですよ。でも、この番組に来てくれるいろんな裏方さんは「ラジオめちゃめちゃ昔から聴いていました」「そのままラジオ業界入りました」って方も多いんですけど、そもそも辻さん、全然聴いていなかったんですよね？

辻　（笑）

向井　熱い想いでね、「ラジオ業界に……」とか言ってくれてますけど（笑）。スタートは聴いていないというか、いまだにそんなに聴いていない……。

辻　いまだに、ほんとこれ、ダメなんでしょうけど……。そうなんです、はい。ラジオを聴くというのがまずなかったんですね。ですけど、小学校後半から中学生にかけて、音楽に興味を持ち出したんですよ。その頃、僕が大好きだったのが、TM NETWORK。

向井　そういう世代ですね。

辻　はい。周りはみんなBOØWYが好きだったんですけど。BOØWYはクラスで中心になる人達が聴いている。僕は片隅で「TM NETWORKが一番だ！」。

向井　素質としてはラジオっぽい感覚はありますけどね。やっぱり中心から外れた人がラジオ好きなイメージがあるんで。

辻　で、中学三年の頃に、友達に「俺、こういう曲を聴いてるんだ」って言われたのが洋楽の曲だったんです。それを聴かせてもらって「何このオシャレなの!?」と思ったんですよ。

向井　それ、誰か憶えてます？

辻　マライア・キャリー。

向井　全然ニッチじゃない、どストレート、ど真ん中（笑）

辻　はい。で、教えてくれた友達に洋楽の知識で負けたくないな、と思っちゃった。「知らないの？」とマウントを取られて悔しくて、それでラジオに初めて触れ合うんです。でもラジオのこともよくわかっていないから、あんまり自分の聴きたい感じのラジオに出会わないというか。で、たまたまですけど、僕は出身が大阪なんで、FM802を聴いてるみたいな友達からも聞いたりとかして、「あのカウントダウン番組面白いよな」みたいな。「カウントダウン番組？　何それ？」ってなって。そしたら、「いっぱい曲流れるよ」って話を聞いて、「そうなんだ」と思って唯一聴いていたのが、「HOT100〔ホット・ワン・ハンドレッド〕」っていうカウントダウン番組。

向井　AMを聴く発想は全然なくて、音楽を聴くためにFMをつける。それで、どういう道筋でラジオ業界なんですか？

辻　これがもう、僕、ほんとにダメ人間で。高校がたまたま、音楽に強い学校だったんですよ。僕は音楽だけはちょっと成績がよかったもので。なんですけど、高校卒業する時に、僕はギターとか楽器ができないし、何も進路が決まってなくて。音楽の先生に、「僕、音楽好きなので、音楽に携わる仕事がしたいんですが」って相談したら、「だったら、早くから東京へ出なさい。音楽の専門学校があるから」。今だったらどこにいようがデータで送ったりできるけど、そういう時代じゃないんで。「音楽の中心は東京だから」って。

向井　なるほど。

辻　なので、日本工学院八王子専門学校という音楽の専門学校に入りました。僕が入ったのは音響芸術科で、レコーディング関係やラジオのことを教えてくれてたと思うんですけど。全然行かなかったんですよ。

向井　え？　学校に？　東京に出て、結構な意気込みで行くわけですよね。何か別の興味が出たんですか？

辻　いや。あの、基本的に、遊んじゃってたんですけど。東京っていう刺激が強かった。

向井　典型的なやつだ。東京に飲まれたんですね。楽しいことがあり過ぎて。

辻　そうそうそう。専門学校なんて二年だから、あっという間じゃないですか。

向井　そうですね。

辻　で、やっぱり、次、どうすんの？って。ここからもう仕事じゃないですか、ちゃんと職につかなきゃいけないから。で、親から、とりあえず一個でもいいから受けなさいと。

向井　ほう。

辻　だからもう「今何も考えてないから、東京で、もうちょっとふらふらしちゃおっかなぁ」みたいな、軽いノリで言っちゃったら、スゲェ怒られちゃって。

向井　そりゃそうですね（笑）

辻　当然ですよね。専門学校行くのにお金も払ってもらってますから。でも就職ももう締め切っちゃってて、専門学校の先生に「今さら、どこかありますかね?」って話したら、「ほーん……ラジオどう?」って言われたんですよ。

向井　一〇〇回目を迎えるこの番組ですけど、ラジオ業界に入ってきた理由、最下位かもしれないです。何の思い入れもなく入ってきてる。

辻　あ、そうですか（笑）。すみません。それで、募集してたとこにとりあえず行きました。最初に入った会社が、もう今はないんですけど、ラジオプレスって会社なんですよ。ここの社長が、めちゃくちゃラジオ界のレジェンドなんです。お亡くなりになっちゃったんですけど。ドン上野〔上野修〕さん。

向井　すごいですね（笑）。絶対にすごい人なのがわかりました。名前で。

辻　元々ニッポン放送の社員で「オールナイトニッポン」の立ち上げからいて。数々のタレントさんともやってきたと思うんですけど。あと、ラジオドラマを長時間生でやってたんです。

向井　普通、ラジオドラマって収録で色々整えて、ＮＧもありつつ、録り直しながら作る作品ですけれど、それを長時間生で。

辻　はい。あと、タレントを育てるのも得意で。せんだみつおさんの名付け親なんですよ。

向井　えー！　すごい。そこで働き始めて、最初の番組って覚えてます?

辻　「赤坂泰彦のミリオンナイツ」〔TOKYO FM〕。

向井　それは役職で言うと、ＡＤとかそういうことですか?

辻　ＡＤのＡＤみたいな感じですね。だからもう。

向井　ほんとに下っ端。

辻　下っ端。その当時はメールじ

ゃなくてファックスなんで、下っ端の僕がファックスを取りに行って、赤坂さんまで持って行く。「オイ、いま曲かかってる間に、赤坂さんにファックス持って行け」って言われて。

向井　そうすると、選ばないといけないですよね？

辻　赤坂さんは、全ファックスを初見で見る人なんで。だからそのまんま持って行きますよね。初めて入った時が、ブースの中が、ファックスだらけなんですよ。

向井　そうなんだ。

辻　で、基本的に作家さんはいなかったので、ご自分でもう。

向井　赤坂さんが全部やってるんですか？

辻　全部やってましたね。

向井　今このファックス読んだら面白くなるとかっていうの、自分で選んで、まさにＤＪのように、じゃあ、ファックス選んで。

辻　そうそうそうそう。で、僕はアガリ症なんで、ブースで「すみません、あの……、ファックスどこに……」って言ってるんだけど、ヘッドホンしている赤坂さんは僕の声が全然聞こえてないんですよ。だから「何だコイツ？」みたいな。それで、「そこんとこ置いとけっ！」ってすげぇ怒られて。

向井　（笑）。それは怒られる理由もわかりますよね。本番中にチョロチョロ。

辻　はい。だけど、僕はラジオ愛なく、入ってきたんで。「この人何なんだ？」と思って。よくないんですけど。今思うと当然ですよ、数秒単位でやってるんだから。

向井　それでも、怒られて「この業界、辞めよう」とは、ならない？

辻　それはならなかったですねぇ。他にやることもなかったですし、さっき言ったように唯一、音楽が好きで。

向井　音楽番組やれてるという。

辻　はい。そうです。いっぱい音楽を知れる。

向井　でも、そこから、色々番組が、掛け持ちできるようになってくるっていうことですか？

辻　そうです。

向井　でも、そこらへんはやっぱまだＡＤさんになるんですか？

辻　ＡＤですね。

向井　じゃあそこからディレクター

に上がるわけですよね？　そのタイミングっていうのは？

辻　これが、今思うとスゴイな、と思うのが、さっき言ったドン上野さんが、「朝五時の枠をね、TOKYO FMさんからもらって来ましたんで。これはもう、若手にやらせましょう」って話になったんですよ。

向井　はい。

辻　で、それが始まったのが、TOKYO FMの「クルマで5時！」っていう、これが一九九八年の四月から始まってるんですけど。僕、ラジオプレスに入ったのが、一九九七年の四月なんで。

向井　あっ、一年。

辻　一年後にもうディレクターデビューしてるんですよ（笑）

向井　（笑）。スゴイ。速いですねぇ！

辻　速いんですよ。

向井　「クルマで5時！」

辻　スゴイですよね。

向井　これもタイトルがまた良いですね（笑）

辻　はい。ドン上野さんが付けたんですよ（笑）

向井　アブナイ、アブナイ（笑）。ダサイって言いそうになりましたけど（笑）

辻　（笑）。ダサイでしょ（笑）

音楽好きの原点

向井　辻さんの過去の担当番組についての情報がいま手元にあるんですけど。小室哲哉さんとも番組やってるわけじゃないですか。

辻　そうなんですよ。

向井　要は、音楽の、自分のけっこう原点っていうかね。

辻　はいはいはいはい。

向井　TM NETWORKが好きで、っていうところから、小室さんと一緒に番組、やってますよね。これはどういった感じだったんですか。

辻　ＪＦＮさんからお話をいただいて。「それはもうやります」と。

向井　どうでした？　小室さんに対して気持ちを伝えられたんですか？

辻　……これが、本当にやっちゃいけないことなんですけど、一番最初に小室さんにお会いした時に、自分のTM NETWORKのＣＤを大量に持ってきたんですよね。

向井　あ…ちゃー（笑）。気持ちはわかりますよ、そりゃ。思いをね、伝えたいですもんね。

辻　そう。選曲を小室さんにしてもらいたかったんで、やっぱり僕としては、TM NETWORKとかの曲を流してもらいたい、って思いもあってドーンと置いて。「曲、選んでいただけますか？」って言って。「ちなみにコレ全部、僕のなんですけど」って言って。

向井　やっぱ、知ってほしいからね……。

辻　はい。

向井　その時の小室さんは？

辻　「あぁ、そうなんだ」「よく聴いてくれてたんだね」と、優しいお言葉を言っていただきましたけど。で、僕は調子に乗って、「あの曲の、この時ってどういう思いだったんですか？」とか、やっちゃいけないような（笑）

向井　めちゃめちゃ前のめり。やっぱそうですよね、自分の好きな人ですからね。

僕が今やっている「＃ふらっと」は毎曜日違うディレクターの方で、辻さんには木曜日をやって頂いてます。共通のＢＧＭが同じように流れる中、みんな、キューを出すタイミングって曜日ごとに違うんです。

辻　ああ、向井君、それよく言いますよね。

向井　はい。そこで、一番、曲のココ！っていうところで出すのが、辻さんなんですよね。

辻　ありがとうございます。

向井　それはやっぱり、音楽から入ってきているからとか、何かあるんですか？

辻　でも、ＦＭやってるディレクターの人は、だいたいそうだとは思いますけどね。その音楽の切れ目というか。キュー振りやすいタイミングは、元々身についてるんじゃないかな、とは思って。当たり前のように思ってたんで。

向井　やっぱり辻さんのこの、ラジオの最初のね、原体験っていうか。やっぱ、音楽っていうところから来たからなんだろうな、っていうのがすごくわかりました。

どこからでも
リスナーが入れる
「バナナムーン」

向井　でも、「JUNKバナナムーンGOLD」、有吉さんの「サンドリ」、「#ふらっと」と、全然、音楽番組じゃない番組を辻さんはやってらっしゃるイメージなんですが。

辻　そうですね。

向井　そもそも、この「バナナムーンGOLD」に携わるのは、どんなきっかけだったんですか？

辻　バラエティ寄りの番組をディレクターとしてやり始めたのが、ＪＦＮ系列でやってた、つるの剛士君の「BPR5000」っていう番組。

向井　二〇〇一年四月からの番組ですね。

辻　はい。これが深夜放送だったんで、夜中の三時〜五時にやってたんですけど。これは曲もかかるんですけど、バラエティ色の強かった番組で、ここからちょっと、バラエティって面白いなって思い。

向井　ほぅぅ。

辻　元々、お笑いさんとかも好きだったし。大阪出身なんで。

向井　そうですよね。

辻　はい。で、曲だけじゃなくて、喋りの部分で、興味を持ち出したというか。こんな面白いこと、ラジオとかでできるんだァ、とか。

向井　それは、つるのさんのやっぱお喋り。

辻　つるの君の喋りもありつつ。まだ「ヘキサゴン」〔「クイズ！ヘキサゴン」フジテレビ系列〕前だったんで。

向井　なるほど。「ウルトラマン」〔ＴＢＳ系列〕。

辻　「ウルトラマン」の後ですかね。

向井　はぁはぁはぁ。

辻　つるの君、ドッキリかけるとか。そういうのがもう面白くて。

向井　へぇぇぇ。こういう番組の作り方もいいな、っていうの感じたのが、ここなんですか？

辻　ここなんですよ。

向井　はァ。

辻　で、この番組が終わり、二〇〇五年、同じ枠で。

向井　その枠で。

辻　二〇〇五年に、深夜三時〜五時で、「WANTED!」って帯番組が始まったんです。今TOKYO FMの制作部長になっている人が立ち上げて、世代が一緒なんで「若い力でやっていこう。バナナマンさんでやりたいから、辻に任せたい」と言われたんです。でも、ほんと申し訳なかったんですけど、当時のバナナマンさんをよく知らなかった。

向井　この当時のバナナマンさんってお笑い好きは知ってましたけど、今のように全員が知ってるわけじゃないですもんね。

辻　そうですね。この時日村〔勇紀〕さんはドッキリとかでメディアに出てて。設楽〔統〕さんは「俺は日村さんのバーターだからね」ってよく番組の中でも仰ってたんですよ。

向井　設楽さんが、じゃないほう芸人の扱いの時期ですか。

辻　で、今も一緒にやらせてもらってますけれども、第三のバナナマンと言われている作家のオークラさんにも、この番組で初めて出会うんですね。

向井　この「WANTED!」は、どうやって作ってたんですか？

辻　今もそうですけど、オークラさんの力がやっぱり一番で。オークラさんが「こういうことやりたい。辻君だったら音楽どういうのを付ける？」と。その頃からオークラさんは「この人、ちょっと天才だな」って感じた。

向井　でも、そんな人から「音楽、何がいいかな」って、ドキッとしませんか？

辻　オークラさんがまた、音楽めちゃくちゃ詳しいんですよ。で、僕が曲あてたりすると、「いやぁ辻君、それはないでしょう」と。

向井　あら。何をプレゼンするか、緊張感ありますよね。そこでも鍛えられたんですかね？

辻　鍛えられましたね。

向井　でも「WANTED!」は二年で終わる。

辻　そうですね。「WANTED!」が終わりまして、バナナマンさんが同じ年、二〇〇七年四月から「JUNK2」をやるのが決まりました。

向井　なかなか聞かない話ですよね。でも辻さんはそこで一旦離れて。

辻　一旦終わりだから、寂しいな……みたいな状況でした。でも、「JUNK2」に移って約一年後にお声をかけて頂くんですね。「スタッフ変えたいので」って、オークラさんから電話がかかってきて。設楽さんも「辻君どうかな？」と言ってくれてるからと。嬉しかったです。

向井　それ、嬉しいですね。やっぱり「WANTED!」の時から、辻さんがやっていたことで信頼が積み重なってたんですかね？

辻　どうですかね。オークラさんからしたら、僕に対して言いやすかったんじゃないですかね（笑）

向井　それで、TBSラジオに行く。じゃあ、番組の作り方としては、「WANTED!」から「バナナムーン」になっても一緒のメンバーでやってるんですね。そのノリをそのままTBSで。バナナマンさんって二〇〇七年の時から面白いのは間違いないですけど、どんどん活躍を広げていく様《さま》を辻さんは近くで見てたんですよね。

辻　はい。もうすごいとこまで行っちゃったなぁ。

向井　今や設楽さんは、テレビ出演本数ランキングで常に一位ってくらいテレビに出てらっしゃる方ですけど。そういう器の人だなというのは、思ってましたか？

辻　「WANTED!」の頃から思ってました。「こうしたら面白くなるでしょ。で、こうしたら日村さんも乗っかって、こうなるでしょ」というのが、全部見えてる方だったと思います。

向井　なるほどね。

辻　はい。ラジオのことも、設楽さんも日村さんもわかってらっしゃるので。ラジオだったらこうしたら面白い、というのはズバ抜けてますね。

向井　なるほど。へぇぇ。

辻　例えば、会話の途中で盛り上がって、どうしてもCMに行かなきゃいけない場合、だいたいCM明けで「でね、さっきの話なんだけどさ」ってパターンが多いと思うんですけど。

向井　うん。

辻　でも設楽さんって「今こういう話で盛り上がってますよ」というのをイチからちゃんと説明するんですよ。

向井　押さえ直すんだ。

辻　はい。だからCMの間に「今何やってんのかな？」って途中から聴いたリスナーも、設楽さんがちゃんと説明してくれるから、「あぁ、今そういうことで盛り上がってるんだ」と。

向井　どこからでも入れるようにしてる。

辻　これは最初の「WANTED!」の頃からやってらっしゃってて、すごいな、と思って。僕らは完全に抜けてた。盛り上がってたらそのまんまでいいじゃん、と。

向井　そうですね。日村さんはどうですか？

辻　爆発力ですよね。何やっても面白いから。ゲストの人がやった一番のギャグも「ちょっと日村さんやってみてよ」ってなると、完全に持って行っちゃう。

向井　超えちゃうんですね、本家を。

辻　超えちゃうんで。だって、裸になっただけで面白いですからね。

向井　確かになぁ。「JUNK」は何年やってるんですか？

辻　「バナナムーン」に関しては、「JUNK2」も含めたら一五周年ですかね。

向井　長寿番組。

辻　なってますね。ありがたいことに。

向井　バナナマンさんのライブとかも、辻さんって。

辻　はい。お手伝いをさせていただいていて。

向井　それもやっぱ音楽の、音の面でっていうことですか？

辻　バナナマンさんのコントって、あいだにジングルが入るんですよ。

向井　はいはいはいはい。

辻　そのジングルをちょっと作らせていただいてる、っていう。

向井　それもなかなかねぇ。

辻　いやもう、言われた時は、「え？　僕でいいんですか？」っていう感じでした。

向井　プレッシャーの大きい依頼ですよね。

辻　はい。

向井　でもそれはもう、「お願いしていただけるなら、やりましょう」という。

辻　はい。で、コロナ禍もあって、今年久しぶりのライブでもジングル作らせていただきました。

向井　だから、ここは関係性というか、もうほんとにずっと一緒にやってきた人っていう感じですね、バナナマンさんはね。

辻　はい。もう、バナナマンさんありがとうございます、です。

向井　で、有吉さんの「サンドリ」ももちろん辻さん、やってらっしゃって。

辻　はい。

向井　猿岩石さんのラジオを、一九九七年にやってて。

辻　はい、「猿岩石のWalkers

Radio」。僕はここで、ADとして入るんです。

向井 なるほど。どうでした？ この猿岩石さんの番組。

辻 有吉さんがズバ抜けて面白かったっていう記憶。

向井 もう、その時から？

辻 はい。

向井 のちに、この「サンドリ」をやるワケですけど、作家の高井さんにも以前出演していただいてまして。

辻 はい。高井さん。はいはいはい。

向井 打合せもほんとゼロなんですって。

辻 ゼロです、ゼロです。基本的に。

向井 パッと来て。

辻 はい。

向井 それはまぁ、控室とかでは雑談みたいな感じですか？

辻 もう、そうですね。この前の放送ではちょうどね、ワールドカップの日本戦。

向井 はい。コスタリカの裏でしたよね。

辻 はい。真裏でやってたんで、「誰も聴いてないでしょ」みたいな、本人、有吉さんも言ってましたけど。その時に、唯一有吉さんに言ったのが、「すみません、実況だけはしないでください」。

向井 それってダメなんでしたっけ？

辻 そう。「辻くんに今日言われたのは、実況だけはしないでくれ」っていうふうに、オンエアーでも言ってました（笑）。それぐらいですね、打合せっていうか。

向井 はぁぁぁ。もう昔っからそんな感じ？「サンドリ」は。

辻 そうですねぇ。基本的に、有吉さんもそうですし、バナナマンさんもそうですけど、いまだに僕、アガっちゃうんです、緊張しちゃうんですよ。

向井 わ、そうですか。

辻 はい。

向井 そんな付き合い長くても？

辻 長くても。だから、余計なこと言って、嫌われたりしたら嫌だな、と思うんで（笑）

向井の素喋りスタート復活を求む

向井 「パンサー向井の#ふらっと」を辻さんにやって頂いているのは、

私は非常に嬉しいんです。これはどんな感じの話で来たんですか？

辻　最初はウチの会社の上司からです。ＴＢＳさんの朝の番組が変わるらしい、向井くんがやると。で、バラエティを経験している制作の方を求められてるところで、辻どうだ？っていう連絡が来てるんだけど。

向井　ほう。はい。

辻　この番組のプロデューサー大谷〔正美〕さんとお会いすることになって。「バラエティ経験ある方を求めてて、辻さんの名前が上がってきたので、ちょっとぜひどうですか？」っていう話で。

向井　そんなお話だったんですね。でも、朝じゃないですか。ここ最近は、正直、朝やってなかったですよね？

辻　でも、そろそろ朝もやらなきゃな、っていうのはありましたね。

向井　どういうお気持ちで？

辻　年齢を重ねていくごとに、深夜番組とかはやっぱ若い方にやって頂く感じの。

向井　なるほど。

辻　僕もそうだったから。

向井　うん、うん。

辻　だからそういう意味では、どんどんどんどん、朝にシフトして行かなきゃな、なんて気持ちもあったんですよ。

向井　なるほど、なるほど、なるほど。

辻　なんですけど、やっぱ、僕、ニュースとかやっぱそういうのが。

向井　うん。得意不得意もありますからね。

辻　じゃあ実際、新聞読んで、じゃあここでニュース扱いましょう、みたいなことを、オレはできないなあと思って。だからそういう話は来ねぇか、なんて思ってたところで。

向井　ああ、なるほど。

辻　そう。で、向井くんって話で、いや、これはちょっと、ぜひやりたいなと思って。

向井　それで、受けてくださったというか。

辻　あとはもう、向井くんがラジオスターだから。

向井　いやいやそんなことないですよ（笑）。ほんともう、全然そんなことない（笑）

辻　ラジオスターと一緒に仕事したいとは思いましたよ。

向井　はい、イジり始まりました

（笑）。いや、でも、僕はすごく嬉しくて。もちろん、お名前を先輩の番組で聴いていた辻さんとやれるんだ、って、あったんですけど。

辻　僕も。だから、今までにないような朝番組をやりたいと思ってます。模索中ですけども。

向井　最後に、辻さんから見たパンサー向井のスゴさを聞きたいんですけど（笑）

辻　言っていいのかわかんないですけど、「#ふらっと」は始まった当初は向井君の一人喋りから始まって、その後にタイトルコールがあって。

向井　BGMも何もない、素《す》喋りで話してからでしたもんね。

辻　うん。それで、毎日やってるとお話を見つけてくるのも大変だから、タイトルコールからやりたいという話で。でも木曜日に関しては、「向井君、隔週じゃん」と。

向井　「素喋りスタートをやって欲しいけどな」って、辻さんは最後まで仰ってましたね。

辻　それは今でもそう思ってます。何でかというと、向井君は話の起承転結がシッカリしてるんです。

向井　褒めてくれたんですよ、辻さんが。最初の頃、僕が「インスタのDMからメッセージが来て、赤坂の美味しいお店を紹介してくれる人がいて」って話を素喋りしたら。

辻　そうそうそう。あの話も導入部分シッカリしてるし、オチもね。だから……。

向井　あ、何か交渉しようとしてるのかな？

辻　（笑）。オチはなくても僕は全然いいと思っていて。だけどやっぱり第一声は向井君のお話がいい。木曜スペシャル・エディションではそうしたいんですよね。

向井　でも確かに、コーナーも各曜日の色が出てきて、同じ番組であって同じ番組でない感じもあり。そういうのもいいかなと思えるかもしれないです。

辻　ほんとですか。じゃあ来週から。

向井　ちょっと、まぁまぁ、落ち着いて（笑）

〔二〇二二・一二・一六〕

Interview

ラジオの声を、こんなふうに聴いてきた。

向井 慧

遠い昔、少年の
胸を熱くさせた
ラジオへの想いは、
大人になってなお、
醒めずにいる。
いつもは表方を務める彼が
ラジオの舞台裏に回る時、
そこにはどんな発見が
あったのだろう？

ラジオは「素《す》」なのか？

——向井さんとラジオとの出会いについて教えてください。

もともとお笑いファンで、バラエティ番組を欠かさずテレビで見ていました。特に「めちゃ×2イケてるッ！」〔フジテレビ系〕を見て、ナインティナインさんをすごく好きになったんです。

そこから新聞のテレビ欄を読んで、お二人の出ている番組を全部録画して見るようになって。ある日、新聞のラジオ欄でナインティナインさんが「オールナイトニッポン」〔ニッポン放送〕に出ていることに気づいて、そこからラジオを聴き始めます。確か、小学五、六年生の頃でした。

——小学生にしては遅い時間の放送ですね。

そうですね。深夜一時から番組が始まってましたから。だからラジカセで一二〇分のテープを買って、とりあえず頑張って一時から二時のあいだは起きて、二時になったらテープを裏返して録音する。録音できたら安心して眠っていました。そうして録った放送を、登下校にでっかいウォークマンを持ち歩いて聴いてましたね。

オールナイトニッポンの他の番組をラジオ欄で見ると、月曜にロンドンブーツさん、木曜にナインティナインさん、金曜にネプチューンさん、水曜には大好きなゆずさん……って感じで、ラジオにどんどんのめりこんでいきました。

――その最初の入口がナインティナインさんだったんですね。どこにラジオの面白さがあったのでしょうか。

テレビで見るお二人とは、ちょっと違うところにすごく惹かれました。テレビでは、明るくて面白いお兄さんみたいな感じでした。でもラジオでは、怒りや不満、嫌だと思っていたことも喋っているし、下ネタもすごく言うし……。それがすごく面白かったんですよ。ラジオ好きの人のあるあるだと思うんですけど。

――素の部分が見える感じでしょうか？

「素」ですか……。自分がやってみて思うんですけど、テレビに出ている部分が素じゃないかと言われると、それも素だとも思うんですよね。ラジオは比較的、編集が入らずに生放送で2時間喋るので、より人間臭い部分が出るだけとも言えます。

その場所に合わせた自分を出すことが、僕は「素」だと思っています。その場所場所で自分の姿が変わることって、人間として当たり前だと思うんです。テレビで求められた役割を務めようとする自分も「素」。その中でも生放送で二時間喋って楽しんでもらうラジオは、加工できないから人間臭い部分はあるかもしれません。

――達観して聞こえますが、そこにたどり着くまでには遍歴があったのですか。

ラジオをやればやるほど、なんでテレビの時にこの感じが出ないんだろうと、悩んだりもした時期も長くありました。そのテレビでうまくできなかった話を、ラジオで話したりもする。でも最近は、自分がいる場所によって、喋れることも違うのは当然だと思っています。テレビの現場で出せない自分すらも、愛す、というと変な感じですけど……。愛おしいなと思わないとやってられない。

テレビの場で、ちょっと優等生らしく立ち回りをするのも、頑張ってその場にフィットしようとする姿すらも、それが人間であるという感じ。

上手くできなかった自分も、自分であるから、それを「素じゃない」と言うのはかわいそうという感覚があります。やはりあくまでも、地続きだなと。その場でうまく出せないのも自分で、そのことを喋るのがラジオなんですけど、自分が二面に分かれている感じはしない。続いているものなんだなと。

――放送作家の藤井青銅さんとの回で、ラジオでのフリートークは「鬱屈しているほうが面白い」というお話をされていました。自分自身を愛す態度と、鬱屈とはバッティングしてしまう気がします。鬱屈の面白さを失う恐さはありませんか。

そこは難しいですよね。僕は今、ラジオを始めて――自分の中で「始まった」感覚があるのが、ＣＢＣで「#むかいの喋り方」がスタートした時なのですが――まだ五年なんですよね。ここからいろんなことが変わっていくとは思います。だからあくまで、今現在の僕の考えでしかないんですけど。

やはり、喋っていて、気持ちって捏造できないなと思うんです。鬱屈した話をしようと思って喋るわけではない。鬱屈しているから話しているだけで、義務ではないんです。だから、鬱屈していないなら、していない話を僕はする。

鬱屈していることに対して、「この人も鬱屈しているなら、自分もそういう気持ちを持っていても大丈夫だ」とリスナーさんに安心してもらえることもあると思います。でも喋る側は、そこに対して合わせちゃいけないと思うんです。鬱屈を求められているから喋るのは違うと思う。番組を選ぶのは、あくまでもその時に聴いている人なので、それで聴かなくなってしまうのは仕方ない。自分の思ったことを喋って、それを聴いてくれる人に届けるしかないと今は思っています。

――思ってもないことは言えないと。

やっぱり無理ですね。特に「一時間一人でフリートークしてください」っていうラジオでは、思っていないことを話せないと思うんですよね。

「これ、面白いな」のアンテナを立てる

――向井さんが、ラジオのフリートークが面白いなと思う方はいますか。

やはり皆さんおっしゃいますけど、まずは伊集院光さんですね。伊集院さんはずっとラジオを続けてこられて、そうしたら一週間、何も起こらなかった日もある、というかそんな時の方が多いわけです。じゃあその時に何を喋るのか。

その時、他の人には引っかからないことを喋るんですよね。こんな言葉に引っかかったとか、買い物に行った時に思ったこと、そうした疑問や違和感を三、四〇分喋れるのは本当に素晴らしい。それでいうと、オードリーの若林さんもそうですね。今回「向井と裏方」に出てくれた、ハライチの岩井〔勇気〕くんにもそうしたところがあると思います。彼のエッセイを読んでいても感じるところです。

――何も起こらなかった時も面白いのであれば、それを支えているのは何なのでしょう。

それは、その方の目線、切り口、アンテナといったものなんでしょう。ピースの又吉〔直樹〕さんの「覗き穴から見る配達員」〔『月と散文』（KADOKAWA）収録〕というエッセイがあって、ラジオのトーク的だなと僕は思っています。ウーバーイーツを置き配で頼んで、その配達員がどんな人で、どんな置き方をして、どうやって帰っていくかを観察するだけなんですけど、それだけでエッセイになる。

たぶんそれができる人とできない人がいて、配達員の人に対する観察力だったり、ちょっとした動きから相手の気持ちを考える想像力だったり、そもそも配達員さんに興味を持とうと思うかどうかだったり。日常にありふれていることに、アンテナを立てて、どれだけ「これ、面白いな」を感じ取れるかなんだと思います。

僕自身もアンテナを立てていきたいと思うのですが、忙しすぎる時期ほど、そうしたアンテナを立てられなくなる。実際に仕事が忙しくて、もういっぱいいっぱいで、アンテナに何も引っかからない時期もありました。でも意識して立てないと、喋ることは拾い上げられない。最近は仕事に余裕が出てきて、細かいことに目を向けられるようになったように思います。

「こんな話を聞けた」は結果論

――そんなラジオにどっぷり漬かっている向井さんですが、「向井と裏方」はさらにラジオの裏方さんだけに特化した番組です。番組にはどのような反響がありましたか？

これを聴いていた方は、本当にラジオ好きの方ですよね。ラジオ業界に入りたい方には、すごく良い番組だったと思います。というのも、いろんな仕事をしている裏方さんが出てくださったからです。

僕がリスナーだった時、「ラジオの裏方さん」と言われたら、構成作家さんや、ディレクターさんがいるんだろうなぁ、程度しか想像できませんでした。でも実際は、本当にいろんな方がラジオに関わっています。ＡＤさんがいて、録音するミキサーさんがいて、総括するプロデューサーさんがいて、番組を続けるためにマネタイズする人がいて、番組を広報する人がいて。そういった人たちが支えてくださって、ラジオ番組が出来上がっている。

たくさんの発見が僕自身にありました。例えば、番組を続けるためのリアルなマネタイズの話。当たり前ですが、スポンサーがつかないと番組は続かないわけで、番組を継続させるためにどんな方法があるのか、本当にいろんな方が考えている。じゃあファンクラブを作ったらどうだろうか？　イベントでお客さんを呼ぶ形にしたらどうか？と。

——Podcastの製作費のために、「ビキニ写真集」〔『Perfect!!』〕を販売したお話もありましたね。

　そうそう。出る側としては、番組の内容を面白くすることしか考えていなかった。でもそれだけじゃないことを、現場の方たちの話を聞いて気づけましたね。

——ミキサーさん〔坂下冬樹さん〕が普段の生活で、イヤホンをつけない話をされていたり。矜持があってかっこいいなと思いました。

　ジングルを叩くタイミングも、皆さんそれぞれこだわりを持ってやっている。現場の方の口から、そうした話を聞けたのは僕にとって大きな体験でした。

——裏方さんにお話を聞く難しさはありましたか？

　うーん、どうでしょうね。でもＱ＆Ａなので、Ｑを投げ続けるくらいじゃないですか。Ｑさえあれば、Ａをして頂くだけ。その繰り返しという感じでしょうか。

　自分がゲストに呼ばれた時に、喋りやすかったのはどういった状況だったのかを考え、最低限、喋りやすい空気だけはつくるように心がけました。始まるくらいからちょっと喋っておこうとか、その程度です。誰とでもいきなり仲良く喋るのは無理なので、初めましてなら初めましての中で、最大限喋りやすくしようと、なるべくそう思っています。

でもやはり質問って難しいと思います。僕もラジオでゲストの方に来ていただいて、質問しながらトークをするんですけど、どうやっていいのか毎回わからないですね。「こんな話を聞けた」というのは、毎回、結果論でしかないですね。

取材されることもあるし、だからこそわかることはまぁまぁあるんですけど、例えば、今日のインタビューだと「なんでラジオ好きになったんですか？」はたぶん聞かないといけないですよね。

――そうですね。

でもまぁ、何回も聞かれているんだろうなとか思いながら、聞かないといけないところが難しい。

僕自身、自分が聞くのがうまいとはまったく思ったこともないし、わからない。でも聞きたいことからしか、聞くしかないというか、自分の興味が出たところを掘るしかない。テクニックなんかひとつもないです。

結局、「向井と裏方」が面白いって言ってくれるのであれば、出てくれたゲストが面白かっただけだと思います。

――非常に謙虚ですね。

でも聞き手として、何か優れているところがありますか？　と問われたら、たぶん唯一、そこだけはあるかもしれないです。自分が聞き手として優秀じゃないと思っているところ。俺が引き出してやったぜ、という人のインタビューって嫌じゃないですか。そんな人にはできないこともあるんじゃないか。

やはり基本的には、番組が面白いのであれば、喋った方が面白かったんだと思っています。

ラジオは「コスパ」が悪いけど

――小林洋平さんの回で、「いろんな裏方さんの話を聞いてきて、共通しているのは『繋がり』の大事さです」と話されていましたが、これはどのような意味でしょうか。

本当にどの世界でも共通すると思うのですが、発想や才能だけで生きられる天才って本当に少ない。もちろん今活躍されている方が、才能を持っていることは前提で、最終的にはコミュニケーション能力だったり、人との繋がりが大切になってくる。そんなものを必要とせずに仕事をし続けられる人間はほぼいない。人間同士で仕事しているんだな、というのは、裏方さんの話を聞いて改めて感じましたね。

どれだけ仕事が出来る人だったとしても、やはり人の気持ちに鈍感な人とは仕事したくないなと僕も思いますもん。結局は、仕事って、そういう人間らしいところに戻ってくるんじゃないか。人の気持ちを大切にできる人が素晴らしい番組をつくっている。これは裏方さんに限らない話だと思います。

——印象に残った回はありましたか？

関西のラジオの三人、若い方たちの回が印象に残りました。ＡＢＣラジオの三浪瞭さん、ラジオ関西の神吉将也さん、ＭＢＳラジオの西畑風雅さん（「Ａマッソのヤングタウン」「カベポスターのＭＢＳヤングタウンＮＥＸＴ」などを担当）のお三方。関西から、それぞれの局で盛り上げていこうという、同世代のライバル関係というか、その感じがすごく印象的でした。

——「向井と裏方」はそうした地方局のラジオへも光を当てていますよね。

そうですね。地方にも本当に面白い番組がいっぱいあるんですよ。

——CBCラジオの「#むかいの喋り方」のディレクター秦進太郎さんが、東京で収録する時は、メールをプリントアウトしたものをリュックで持ってきているとお話しされていたり。

やはり皆さん、特に地方局では予算がなかなか少ない中でやっています。それでもラジオを広げようと頑張っているんですよね。今「音声コンテンツが盛り上がっている」なんて言われますけど、決してラジオ業界は恵まれた環境ではない。

それでもやっている人は、ある程度好きだからやっていると思いますね。もっと効率のいい仕事はいっぱいあるはずで。

——効率のいい仕事ですか。

「コスパ」という言い方をあえてするなら、ラジオはコスパが悪いです。時間もかかるし。出演する側のギャラも比較的安いし。

でも僕にとって、そんなところが一番、一番自分を出せる場所だったんだと思うんです。正直なところ、僕自身も、ラジオをやってない世界線の自分の方が幸せなんじゃないかと思うことは多分にあります（笑）。フリートークをつくるために、アンテナを張った結果、いろんなことが気になってしまう。本当は、いろんなことを見過ごして、気づかないほうが生きやすいし、僕自身もあまり引っかかりたくない方なんですけど。

——ラジオによって自身が作り変えられてしまった？

それはあると思います。ラジオをやってなかったら、こんな人間にはなってなかったと思うことがいっぱいある。

それでもラジオをやっているということが、幸か不幸か、しっくりくるんでしょうね。もしかしたら、ラジオの裏方さんたちも、同じなのかもしれないです（笑）。

聞き手：山本ぽてと

#4

裏方さんとラジオの未来

同期が舞台に出ていく眩しさと誇らしさ

エレファントかさ増し

本名、菅沼和揮（すがぬま・かずき）。1994年生まれ、静岡県出身。大学在学中、ラジオに投稿をするハガキ職人の活動を経て卒業後はフリーランスの構成作家の道へ。現在の担当番組は「真空ジェシカのラジオ父ちゃん」「N93 金の国のたまごどんぶり」（TBS Podcast）、「ヒコロヒーのストロベリーワンピース」「ザ・マミィのネズミの咆哮」「ママタルトのラジオ母ちゃん」「ストレッチーズのプリ右でごめん」（ネットラジオアプリGERA）など。ラジオの他、お笑いライブや若手芸人のYouTube の構成も行う。

今回迎える裏方さんは、構成作家の菅沼和揮さんです。高校時代にPodcastがきっかけでラジオにのめり込み、ラジオネーム「エレファントかさ増し」としてメールを送る中で、「オールナイトニッポン」や「JUNK」など、数々の番組で紹介される有名ハガキ職人に。大学卒業後は、若手芸人のライブを手伝いながら構成作家として活動を始められました。現在はヒコロヒーやザ・マミィ、真空ジェシカのラジオを担当されています。どんな裏方トークになるんでしょうか。それでは、「向井と裏方」スタートです。

向井　本日のゲストは、構成作家の菅沼和揮さんです。よろしくお願いします。

かさ増し　よろしくお願いします。

向井　一度、GERAのヒコロヒーの番組（「ヒコロヒーのストロベリーワンピース」）に僕が出させて頂いた時に、ご挨拶はさせて頂きましたが。

かさ増し 半年ぶりくらいですよね。

向井 そうですよね。ただ、その時もめちゃめちゃ喋るわけでもなくて。

かさ増し すごくスムーズに収録が終わったので、ほんとに挨拶ぐらいですよね。

向井 ちなみに、今GERAでは何番組ぐらい担当してるんですか？

かさ増し 今だと、期間限定のものも含めて七番組ですね。

向井 七番組！ 作家ということで全部入ってるわけですよね？ 番組によって携わり方は違ったりします？

かさ増し そうですね。僕が提案する番組もありますし、ヒコロヒーさんの場合は、僕は来たメールを準備しておくぐらいで、あとは収録の時に持ってきてもらった話を喋ってもらって、僕はそれを聞いて相槌役をするという感じです。

向井 ヒコロヒーの番組で印象的だったことはありますか？

かさ増し ヒコロヒーさんのラジオだと、向井さんが来てくださった回は、本当に向井さんの引き出しの多さとか、すごい楽しそうに喋ってくださるなと。

向井 嬉しいねえ（笑）

かさ増し ゲスト回だと、大体はメインのパーソナリティが質問してゲストが返して、という感じになるんですが、向井さんは自分からすごいたくさん喋ってくださったので、僕も指示を出すこともなく、一人のリスナーとして聴いてるような感じになりました。

向井 楽しかったし、あの時はヒコロヒーと仕事するのが二回目とかだったんだけど、ヒコロヒーが前に名古屋で共演した時に、パンサーの立ち居振る舞いがすごいよかったって。

かさ増し そうですね、ロケのパンサーさんがすごい面白かったという話を何週間か前にしてました。

向井 それで呼んでもらったから、嬉しくてはしゃいじゃったという。

かさ増し すごく生き生きしてましたね（笑）

向井 ざっと見たところ、ヒコロヒーもそうですけど、ザ・マミィ、ストレッチーズ、ゼンモンキー*、フランスピアノ*、ママタルト、まんじゅう大帝国*が、今GERAで担当している芸人ですよね（＊二〇二三年現在は終了）。ゼンモンキーとかは後輩ですか？

かさ増し　そうですね、三歳年下です。

向井　ザ・マミィは世代的には一緒くらい？

かさ増し　同期か、一個上ぐらいです。歳も近いですし、卯月というトリオだった頃からの知り合いなので、今すごい活躍されていて嬉しいです。最近は、知り合いの方が賞レースの決勝とかに上がってくるようになっていて、どんどん知り合いが売れていくのを見届けられるので、一番楽しい時期です。

ほぼ全ての時間をラジオに費やした大学時代

向井　こういうふうに、菅沼さんがなぜ構成作家になったのかとかを掘り下げられるのはいかがですか？

かさ増し　本当に恐れ多いですね。ハガキ職人時代はエレファントかさ増しというラジオネームを使っていたのもあり、芸人さんは大体、「エレかさ」とか「かさ増し」「かさ増し君」と呼んでくださるので、本名で芸人の方に呼びかけられるということ自体もない経験なんです。

向井　構成作家としてスタッフロールに名前が載る時は、どういう表記になるんですか。

かさ増し　芸人さんの単独ライブとかは、エレファントかさ増しという名前で表記してもらうことが多いです。やっぱり認知してもらいやすいですし、キャラクターとしていいかなと。請求書とかは本名ですけど。

向井　エレファントかさ増しでは領収書落ちないですからね（笑）

かさ増し　名刺とか請求書は本名なんですけど、基本はエレファントかさ増しと言われることが多いので、かさ増しと呼んでください。

向井　では、かさ増しさんで。そもそもラジオのハガキ職人がスタートなんですよね。

かさ増し　そうですね。ラジオの仕事をやりたいなと思ったきっかけは、ラジオへのメール投稿です。

向井　一番最初に聴き始めたラジオが何だったか覚えてますか？

かさ増し　きっかけは「トータルテンボスのぬきさしならナイト！」（TBCラジオ）ですね。高校三年生の時にガラケーからスマホに変えたんですが、スマホにPodcastのアプリが最初から入っていたんです。お笑いが元々好きで、トータルテンボスさんが出てるローカル番組も観ていたんですが、トータルテンボスさんのラジオがPodcastでも配信されているのを知り、聴いてみたら、こんなに面白いコンテンツがあるのかと。

向井　そこから聴く番組は増えていきましたか？

かさ増し　爆発的に増えましたね。Podcastで他にどの芸人さんのラジオが配信されてるんだろうと思って見てみたら、「JUNK」（TBSラジオ）のアフタートークとか再編集版とかが配信されていたんです。大学に入学して、静岡から都内近郊に引っ越したら、radikoで電波が拾える環境になったので、「オールナイトニッポン」（ニッポン放送）とか「JUNK」を隅々まで聴いてました。

向井　やっぱり芸人さんの番組なんですか？

かさ増し　そうですね、芸人さんのラジオ専門という感じです。

向井　もう四六時中聴いてるみたいな感じですか？

かさ増し　本当に、朝起きてイヤホンをまずつけてました。大学の講義中は外すんですけど、教室の移動中も聴くし、帰り道でも、料理作ったりとか宿題やりながらでも、ずっとラジオを聴いてて。お風呂で少し外して、上がったらまたつけて、寝る時もほぼ何か聴きながら寝落ちみたいな感じでした。

向井　こんなの聞いていいかわかんないですけど、友達いました？（笑）

かさ増し　友達はめちゃくちゃ少なかったです（笑）。ラジオを聴くほうが楽しいんじゃないかなと思ってて。

向井　友達をあまり必要としないくらい充実してたんですかね。

かさ増し　そうですね。僕はラジオを聴いていたいから、友達を作らなかったという感じです。

週にマックスでメールを一〇〇通送っていた

向井　メールを投稿し始めたのはいつ頃ですか？

かさ増し　ラジオを聴き始めて、二、三年経った頃です。「爆笑問題カーボーイ」（TBSラジオ）の「怒りんぼ田中裕二」というコーナーを聴きながら、僕だったらこういうメールを送るな、というのを、一、二ヶ月ぐらいずっと妄想していたんです。それを形にして送ってみたら、初投稿で初採用されて、それがめちゃくちゃ嬉しくて、その回の録音を何十回と聴き返しました。その当時、三四郎さんが大好きだったんですが、「オールナイトニッポン0」でレギュラー放送が始まると知って、それなら番組が始まるタイミングでメールを送れば……。

向井　なるほど！　オープニングスタッフみたいな感じね（笑）

かさ増し　そうなんです（笑）。常連のハガキ職人に憧れていたので、三四郎さんの番組にメールの投稿を始めて、そこから日常的にメールを投稿する癖がついたので、アルコ＆ピースさんの番組とか、ニューヨークさんの番組にも送るようになりました。

向井　メールを送り始めてから、結構いろんな番組で最初から読まれるなという感じでした？

かさ増し　痒いところに手が届くようなメールは比較的得意みたいで、読まれてました。逆に、ちょっと突飛な大喜利メールとか、すごい不思議だったり、バカバカしい世界観のメールは得意ではなかったですね。

向井　それぞれに得意ジャンルみたいなものがあるんですね。

かさ増し　生放送中に、今これ送ったら展開的によさそう、みたいなメールを送ると、よく採用されていました。

向井　すごいなあ。もちろんネタメールも送っていたと思うんですけど、週にマックスでどれぐらい送ったりしていたんですか？

かさ増し　いろんな番組合わせて、マックスで一〇〇通前後です。三四郎さんに二〇通、アルピーさんに二〇通、他の番組に五通ずつという感じですね。生放送中に送ったメールを含めたらもっとあると思います。生放送が終わった後に自分の送信ボックスを見ると、ものすごい数のメールで本当にドン引きするんですよ。

向井　メールを送ることの楽しさも覚えて、よりラジオにハマっていったんですね。アルピーさんの番組もかなりの熱量で聴いていたという。

かさ増し　そうですね。一二時から仮眠して、二時五五分に起きるみたいなこともしながら、毎週リアルタイムで聴いてました。

向井　かなり熱量がありますね。

かさ増し　そうですね、生で聴くのが一番楽しいラジオだったので。

向井　それはどういう部分が？

かさ増し　リアルタイムで結末が変わるラジオコントみたいな感じだったんです。自分が送ったメールでちょっと番組の方向性が変わるみたいなことが起きたりするので、先回りしてパターンをいくつか予想してメールをたくさん送ってました。

向井　そんな参加の仕方してる人、少ないと思うんですが。

かさ増し　いや、多分、結構な人数が先回りして送っていたと思います。こんな番組、他にはないので。

向井　ないですよね。それがハガキ職人心をくすぐるんですね。

かさ増し　参加する楽しさというところでは一番だったと思います。

向井　アルピーさんの番組で、印象に残っている回はあります？

かさ増し　一番鼻につくヤツを決めようというテーマでメールを募集した回ですね。多分その回は、全部で三〇通くらいメールが読まれていたんですけど、最後に一番鼻につくヤツを発表した時に「満場一致で、選ばれたのはエレファントかさ増しの○○というネタでした」と言ってもらえた時はものすごい嬉しかったです。

向井　なるほど、それは嬉しいですよね。ハライチも結構お好きなんですか？

かさ増し　ラジオの中ではハライチの番組が一番好きかもしれないです。岩井〔勇気〕さんのフリートークが大好きなんですが、「デブッタンテ」〔TBSラジオ〕の第一回目のトークは衝撃が走りました。落ち着いたトーンでこんなに面白いトークをする人がいるのかと。もちろんハライチさんは存じ上げてましたが、そこからテレビにハライチが出てたら思わず観ちゃうようになりましたね。

向井　ラジオって、人の新しい魅力を知るみたいなところありますよね。じゃあハライチのラジオはずっと聴いてますか？

かさ増し　各回、一〇回ずつくらい聴いたりしてましたね。

向井　そうなんですね。ハライチに会ったことはあります？

かさ増し　ＴＢＳで一回だけ。岩井さんに、「エレファントかさ増しという名前でメールを送っていました」と名刺を渡したんですけど、「おお……」ぐらいのさっぱりした挨拶で。そこが岩井さんの好きなところなんですよね。

向井　前回（二〇二一年一一月）、岩井君に「向井と裏方」に出てもらった時に、内輪になりすぎないように意識してるという話はしてたんですけど、その感覚に近いのかもしれないですね。

かさ増し　そうですね。僕は「あの時のあの回のあのワードめちゃくちゃ最高でした！」みたいなファンなので、多分岩井さんが嫌がるようなファンなんですよ。

向井　いやいや、ありがたさは絶対あると思うけど（笑）

ハガキ職人をしていたことが、構成作家への道に繋がった

向井　ラジオを作る側に行くことになったきっかけみたいなものは？

かさ増し　ラジオ自体に関わらせてもらうようになったのは、ここ二年くらいの話なんです。僕は就活を全然しなくて、一応テレビの制作会社さんとか、ラジオ局とか、それこそTOKYO FMの面接を受けて一次面接で落ちたんですけど（笑）

向井　受けてはいたんだ。

かさ増し　一応いくつか受けたんですが、本当にうまくいかなくて、大学四年生の四月とか五月にはもう就職活動をやめてました。その時に、ラジオに携わるならやっぱり作家という形がいいな、とはぼんやりと考えていたんですが、どうやったら作家になれるか何もビジョンがないまま大学を卒業してしまいました。

向井　不安とかはなかったですか？

かさ増し 大学の時に、お笑いライブのお手伝いだけはアルバイト的にしてたんですよ。

向井 例えばどういうライブ？

かさ増し 全部ネタライブです。下北沢にある小さい劇場で、モグライダーさんとかトム・ブラウンさんとか、芸人さんが十何組もいて、ネタをずっとやるみたいな。

向井 ライブの手伝いというのは何をしてたんですか？

かさ増し 作家ではなくて、音響とか照明とか道具出しとか受付とか、そういうスタッフをしてました。そこから大学を卒業して、ノープランのまま川崎から杉並区に引っ越しました。

向井 どうして杉並区なんですか？

かさ増し やっぱりお笑い芸人の若手の下積みといえば、中野、阿佐ヶ谷、高円寺なので。

向井 中央線沿線ね。

かさ増し そうです。でも別に仕事があるわけではないのでバイトをしていたんですが、その時一年目だったXXCLUB《チョメチョメクラブ》から連絡があって、これからやっていくにあたって、バナナマンさんとオークラさんみたいな、どこにいる時もついてるみたいな作家を探していると。同世代の作家が欲しいということで、XXCLUBとYouTubeを撮ったりネタ作りとかしてましたね。その関係で、すごくたくさん芸人さんと知り合いました。それこそ、真空ジェシカとかヒコロヒーさんとかは、その頃に知り合ったんです。

向井 ちょっと憧れますよね、ダウンタウンさんと高須〔光聖〕さんみたいな、ずっと一緒にやってるタッグみたいな。

かさ増し そういうのに憧れて、始めた感じですね。

向井 XXCLUBの大島〔育宙〕君がかさ増しさんに声をかけたきっかけは何かあったんですか？

かさ増し 大島さんもすごくラジオが好きで、僕の名前も知ってくれていたんです。

向井 今もXXCLUBとはよく一緒にやってるんですか？

かさ増し 昔ほどではないですけど、この前「オールナイトニッポン0」の単発が決まって、それの練習としてYouTubeで配信するから、その時に「ちょっと見にきてくれ」と呼ばれたりはしました。「オールナイトニッポン0」の本番に僕は呼んでもらえなかったんですが（笑）。でも、若手芸人さんが地上波で番組を獲得した時に、自分も作家として呼んでもらえるかどうかってすごく難しいなと考えていて。芸人さんも若手なので、多分「作家を連れてきていいですか？」とは言えないと思うんですよ。なので、自分もその放送局で何かしら居場所を作りにいかないといけないないと思い始めました。

向井　なるほど。かさ増しさんがもっといろんな局で居場所を作れば、より芸人さんと一緒に仕事ができる環境になっていくということですね。

かさ増し　そうですね、本当にいろんなところで仕事をしたいというのが今の目標かもしれません。

「ANN」や「JUNK」を同世代で頑張ってきた芸人とできたら最高

向井　ハガキ職人からプロの構成作家になりたいなと思っていても、ルートがわかんないじゃないですか。

かさ増し　そうですね、僕も当時はわからなかったですし、全員違うなり方でなってる印象です。

向井　それこそ、かさ増しさんみたいなパターンを狙ってやるのもなかなか難しいやり方ですもんね。

かさ増し　最初は相当厳しかったです。アルバイトのほうが多いんじゃないかっていうくらいの生活をずっとしていたので。そういうのでも全然いい人なら、制作会社とかに入らなくても、芸人さんと知り合って、そこから仕事に繋がるというルートも楽しいですし、なくはないです。

向井　ライブのお手伝いから始めるとか。

かさ増し　そうですね。ただ、どうやってそれで食べていくんだ、というのはなかなか難しいと思います。

向井　リアルな話、このお仕事でご飯食べられるようになったのはどのタイミングなんですか？

かさ増し　今でもギリギリです。まだまだ厳しくて、本当に慎ましく暮らして何とかというぐらいの。

向井　バイトもせず？

かさ増し　週一くらいでまだバイトはしてるんですが、バイトを辞めてもまあ貧乏暮らしはできるかなという感じです。

向井　今、作家になって何年目ですか？

かさ増し　五年目です。

向井　自分の中で、今後こうなったら最高だな、みたいなプランはあるんですか？

かさ増し　知り合いの芸人と「オールナイトニッポン」とか「JUNK」をやることですかね。これができたらもう本当に、思い残すことないくらいです。みんなが聴いている看板ラジオを、同世代で一緒に頑張ってきた芸人さんとやるというのが一番の目標です。

向井　同世代の芸人さんは、挙げたらキリないですか？

かさ増し　キリないですね。僕、同世代の同じことをやっているような作家さんの中で、一番ライブシーンで活躍してる同世代の芸人さんと繋がりがあると思うんです。そこが一個の武器とも言えますね（笑）

向井　逆に名前を挙げちゃうと、なんで俺の名前出してくれないの、みたいなのも。

かさ増し　それもちょっとあります（笑）。でも言ってしまえば、どんな形でも、関わっている芸人さん全てとラジオをやりたいというのも、目標としてありますね。

向井　なるほど。とりあえずGERAで担当しているたくさんの番組とかをもっと広めたりとか。

かさ増し　そうですね。GERAというブランドも、ニッポン放送とかTBSラジオ、TOKYO FMとかと並ぶくらいになったらいいなと思いますし、GERAをやりたいと思ってくれる芸人さんも増えてほしいし、今ハガキ職人をしてる学生さんが、GERAで作家をやりたいと思ってくれたらいいなと思います。

向井　そこがまた一個の道になればいいということですね。いいですね、同世代ぐらいで一緒に仕事したいって、どうしても思うものですから。僕らもようやくここ何年かで、同期のチョコプラとかシソンヌとかと一個同じ番組をやらせてもらえるようになったりしてますし。

かさ増し　いつになるかわからないですけど、なるべく早く実現させていけたらなと思います。

〔二〇二一・一一・二六〕

いま死にたいと思っている人を、もうちょっと生かすことができるかも

今回の裏方さんは、ハリー杉山さんがナビゲーターを務める「POP OF THE WORLD」など、J-WAVEの番組を長年担当されていて、最近ではAMの放送局でも活躍されている、構成作家の長沼けい子さんです。以前この番組にお越しくださった寺坂直毅さんがラジオ業界に入るきっかけとなった「RADIPEDIA」にも長年携わっていらっしゃったので、そのあたりも色々聞いてみたいと思います。どんな裏方トークになるんでしょうか。それでは、「向井と裏方」スタートです。

長沼けい子

（ながぬま・けいこ）１９８０年生まれ、埼玉県出身。東放学園卒業後、放送作家事務所を経て現在は（株）SAMURAI WORKSに所属。担当番組は「POP OF THE WORLD」「SPARK」（秦 基博）「ALL GOOD FRIDAY」〔以上、J-WAVE〕、「辛坊治郎 ズーム そこまで言うか！」〔ニッポン放送〕、「パンサー向井の#ふらっと」〔ＴＢＳラジオ〕、「Girls^2 のがるがるトーク」「Lucky^2 のラッキートーク」〔以上、文化放送〕、「SUZUKI No.1 Factory」〔TOKYO FM〕など。趣味は飲酒、登山。

向井　構成作家の長沼けい子さんに来て頂きました。よろしくお願いします。

長沼　よろしくお願いします。

向井　早速メールを読みたいのですが、これが今回長沼さんに来て頂いた理由の一つでして。タクオさんからのメールです。「向井さん、スタッフの皆さん、こんにちは。実は僕の妻が二〇年ほどラジオの構成作家をしておりまして、主にJ-WAVE、今はニッポン放送の辛坊治郎さんの番組なども担当しています。ブルースタンダード〔※向井が以前組んでいたお笑いトリオ。二〇〇八年解散〕のライブにも行っていたそうで、そのくらいお笑いが大好きです。身内の紹介で申し訳ないのですが、いかがでしょうか」という。

長沼　（笑）

向井　夫さんからの推薦です。

長沼　夫がラジオ好きで、向井さんの番組も全部聴いてるのですが、「裏方さんが出る番組があるんだよ」って何回も教えてくるんです。それで私も負けたくないから、「向井さんと言えば、昔ブルースタンダードってトリオを組んでて」って話を返して。

向井　その戦いはよくわからないですが（笑）。でもリスナーとしてメールをくださってありがたいです。長沼さんは、以前出ていただいた寺坂直毅さんとも繋がりが深いと。

長沼　学生の時から付き合いがありますね。二〇一〇年に「RADIPEDIA」〔J-WAVE〕が始まって、寺坂くんはラジオ好きだけど、当時まだラジオの仕事をしてなかったから、私のほうで声をかけて。

向井　「RADIPEDIA」では、裏方の方が自分で色々調べたことをパーソナリティの方にプレゼンしていたんですよね。

長沼　そうです。寺坂くんはデパートに詳しかったり口上ができたりして、他のスタッフも個性のある錚々《そうそう》たる顔ぶれで。ある時プロデューサーさんが一人一人の特徴を紹介していて、私だけ「めがねは、うーん。やる気があります」みたいな感じだったんですよ。

向井　紹介が薄い……。

長沼　だから、焦っちゃって。「本当に何でもやらなければ、ここに居続けられないかもしれない」と思って、がむしゃらでした。

向井　そのエネルギーがすごい。当時、特に頑張った企画は？

長沼　よく街頭インタビューをしてたんですが、もう普通にやってちゃダメだなと思って。それで一度、混浴の温泉で街頭インタビューしました。

向井　ほお！　どういうことですか？

長沼　田舎のほうにある、おじいちゃんたちがいっぱいいる混浴の温泉に私も入って行ってインタビューを録りました。そこが「タオル禁止」と貼ってあったんで、もう、そのルールに則って。で、片手にはマイクを持って、もう片方の手でどちらを隠すか。女性としては隠す場所が上と下にあるけど、どっちを隠そうかな、みたいな。

向井　ちょっと、とんでもないことしてますね。

長沼　それで一応片手で下のほうを隠しながら、もう片手でマイクを持ってるので、上がめちゃめちゃ見えてるんですよ。

向井　すごい（笑）。おじいちゃんたちはどんな反応なんですか？

長沼　そこなんですよ。「おじいちゃん、元気になっちゃったらどうしようかな」とか思うじゃないですか。それで「私、裸ですけどどうですか？」って聞いて。

向井　自分から？

長沼　逆に気になっちゃって。

向井　ジャーナリズム精神で。

長沼　そうそう。そしたら「いや、何も気になんないよ。いっつも混浴入ってるんだから」みたいな反応で、逆に私が恥ずかしくなりました。

向井　おもしろっ。しかし、J-WAVEがそんな尖ったことをしていたとは……。

長沼　いや、深夜で本当によかったなって。

向井　「RADIPEDIA」では、他では味わえないような、すごい経験を積まれたわけですね。

長沼　そうですね。でも振り返ってみてそこで一番学んだのは、ブースの中の空気作りですね。私が担当した初めてのナビゲーターさんがKREVAさんで、実際にはとてもやさしい方なんですけど、始まる前はちょっと怖い人のイメージを持っていて。それで、立ち上げのプロデューサーだった三浦〔宏之〕さんに緊張してることを伝えたら、「お前の緊張とか、そんな感情は関係ねえんだよ」って。

向井　えっ、ちょっと待って下さい。J-WAVEってそんなに体育会系なんですか？

長沼　いや、たぶん私が言いやすかったんだと思います。関係性もあるし。

向井　あ、なるほど。そういうことですね。

長沼　それで「お前が緊張してるどうのこうのよりも、ちゃんとラジオをやってるところを見ろ」みたいなことを言われたんです。だから、自分の気持ちは置いておいて、この時間を楽しむ。アーティストの方がここで話すことを楽しいと思ってくれたら、それがリスナーさんも伝わるってことを学ばせてもらいました。

餃子の焼き方を評価されてラジオ業界へ

向井　この業界にはどんなきっかけで入られたんですか？

長沼　元々は、元気のない方のお悩みを聞いて、少し元気になってもらうカウンセラーのような仕事をしたいと思っていました。今で言う臨床心理士とか公認心理士とか。だけど、高校生の時に「ボキャブラ天国」〔フジテレビ系列〕にめちゃくちゃハマって、お金もないのに埼玉から東京までライブに行くようになったんです。で、本当にお金がなくなってきた高校三年生の時に、寺坂くんも通ってた東放学園専門学校の説明会で、海砂利《かいじゃり》水魚《すいぎょ》〔現・くりぃむしちゅー〕のライブを無料で観れるって知って。

向井　タダでボキャブラの人が観れるなんて、それはもう行くしかない。

長沼　そう、行くしかない。だからきっかけとしては、学校とか先生とかは別にどうでもよかったんです。でも学校説明会の中で、「ラジオやテレビは、今日死のうと思ってた人を、もうちょっと生きてみようかなと思わせることができるメディアである」って話があって、それを聞いた時に、「私が元々やりたかったカウンセラーの仕事と一緒だな」と思っちゃったんです。しかも、芸人さんにも会えるかもしれないし、文章を書くのも好きだったんで、じゃあ放送作家になるって急にその日に決めて。

向井　最初にラジオの仕事をしたきっかけは？

長沼　専門学校時代は、学業よりもお笑いライブとバイトを優先していたんです。餃子の王将でバイトを始めたら、すごくハマっちゃって。それで学校の宿題も全然やっていかなかったので、講師で来てた女性の先生から「ちょっと長沼さん、宿題やらないで何やってるの？」って聞かれて。

向井　そりゃあそうですよね。

長沼　「普段は餃子焼いてます」って答えたんです。

向井　はいはい、バイトでね（笑）

長沼　そしたら、「今度うちで納涼会やるから、あんた餃子焼きに来なさい」って言うんで、行って餃子焼いたら、焼き方がすごく良かったみたいで、「あんた、うちの事務所入りなさいよ」って。

向井　えっ、すごい飛躍してる！　ラジオ関係ないですよね。

長沼　関係ないけど、なんか入ることになって。そこが、J-WAVEの番組を色々手がけている事務所でした。その時にＦＭ初の本格ニュースワイド「JAM THE WORLD」の中に「ワンコーナーできるから、何かやってみる？」ってことで担当したのが最初のラジオの仕事でした。なので、私はニュース番組から入ってるんです。

向井　お笑いからじゃないんですね。

長沼　そうなんです。それからDJ TAROさんの「M+〔MUSIC PLUS〕」というお昼の番組が始まって。当時ブログの文化ができたばかりの頃で、番組でブロガーをいっぱい作ってその人たちから情報をもらう企画があったんです。そこで私は、ダイエットのブログを探したのですが、タレントさんとか含めてなかなか適任が見つからなくて。じゃあもう、使い勝手がよくて要望を何でも聞いてくれそうな若い女の子の作家はいないか、って話になった時、私に声がかかりました。「三ヶ月で八キロ痩せられる？」みたいな無茶振りで。

向井　結構なオーダーが入りましたね。納涼会以来の（笑）

長沼　仕事もなかったし、「あっ、わかりました。やります」みたいな感じで受けて。それで、毎日ブログを書きました。たまにイラストもつけたりしながら。

向井　ダイエットブログを。

長沼　はい。なので、実際にダイエットもしなきゃいけなくて。その企画を続けるうちに「めがねちゃん、頑張れ！」みたいな反応をリスナーさんからいただくようになって、「めがね」って名前が付きました。

向井　反響がどんどん大きくなっていったんですね。

先見の明が炸裂

長沼　実際のダイエットも成功したから、次は好きなことをテーマにしたブログができることになり、当時のディレクターだった廣木卓也さんから「めがねちゃん、お笑い好きなんだよね」って。

向井　おっ、ここで来ましたね。

長沼　そうなんです。私、高校の頃からずっとお笑いライブのメモを付けてたんです。

向井　それくらい好きだったんですね。そういうお客さん、確かにいるんですよ。

長沼　高校の時に、当時太田プロにいたノンキーズさんの単独ライブに行ったら、隣のおじさんがずっと何かをメモしていて、私もやってみようと。

向井　面白かったことをメモするんですか？

長沼　私の場合は全書き取りです。オープニングでどんな話をして、ＶＴＲはこうで、どんなネタでって細かく。

向井　なるほど。それで、次のブログは好きなお笑いについて書こうと。

長沼　はい。私は、芸人さんの番組を作るというよりは、ファンとして応援するようなブログを作って、いつかブログきっかけで「M+」ライブを開きたいと思って。なので、名前を「めがねちゃんのお笑い妄想フェスティバル」にして、おすすめの芸人さんの紹介と動画も載せるブログを作りました。それで、当時新宿Fu-ってライブハウスで観た、まだＴＶに出始める前の小島よしおさんが絶対に来ると思って。私が観た時も、もう会場が揺れるくらいウケてたんです。なので、小島さんの動画をブログにアップさせてもらったら、その三ヶ月後くらいに小島さんがＴＶに出る機会がポンポンと増え出して、私のブログにアクセスが集中したんです。

向井　ああっ、まだ他に情報がないから。

長沼　そうそう。J-WAVEのブログランキングでも木村カエラさん、EXILE MAKIDAIさんを抑えて一位になって。

向井　それはすごいことが起こりましたね！

長沼　プロデューサーさんも「どうしたんだ!?」みたいにびっくりして。そのおかげで、「M+」主催でめがねちゃんのお笑いライブの開催が決まりました。

向井　出演者は完全に長沼さんのチョイスで？

長沼　ナビゲーターのDJ TAROさんと私で一緒に選びました。それが二〇〇七年の夏で、その年のM-1で敗者復活から優勝するサンドウィッチマンさんにも出てもらっていて。

向井　すごい、それでまた話題になって。

長沼　そうなんです。洋楽には全然詳しくないのに、J-WAVEでなんとなくやってきたっていう。

向井　音楽中心の局だから音楽に造詣が深いほど番組を持ちやすいと思いきや、お笑い方面からやってこられたと。

長沼　ですね。ライブを開催した頃、向井さんともお仕事していて。

向井　以前組んでいたブルースタンダードってトリオ時代ですね。

長沼　当時の台本があったので持って来ました。「PLATOn」〔J-WAVE〕って渡部〔建〕さんの番組です。

向井　うわー懐かしい！　これは一四年前くらい？　僕、芸歴三年目くらいですね。今年くる芸人は誰だって企画で、まさにめがねちゃんが紹介してくれて。紹介文も書いてありますよ。「吉本興業から、三人集まるとなんだかかっこよく見えてしまうミラクルなトリオ。ポップでヤンチャなネタに注目」（笑）

長沼　恥ずかしい。私は何様なんだ、みたいな（笑）。でも、やっぱりずっと紹介する側をやりたいんですよね。自分でネタを作ってみたこともあるけど、すっごい難しいんだとわかって。だとしたら、自分が面白いなと思ったことを発信したり、紹介したりするほうが向いてるかなと思ってずっとやってますね。

とにかく明るい英語がリスナーに大ウケ

向井　ハリー〔杉山〕との番組はどうですか？

長沼　「ハリー」と呼ぶ仲なんですか？

向井　Eテレの「おもてなしの基礎英語」で一年く

らい一緒だったんです。二人でご飯に行くことも何度かありました。

長沼　そうだったんですね。

向井　「POP OF THE WORLD」は、J-WAVEど真ん中って感じの番組ですよね。

長沼　海外のラジオっぽい番組を目指そうとして始まってますしね。曲をたくさんかけるし、それもほとんど洋楽だし。

向井　J-WAVEは「パーソナリティ」って言わないんですよね。

長沼　「ナビゲーター」なんですよね。

向井　ナビゲーターとしてのハリーはいかがですか？

長沼　まず、イントロ乗せが天才的ですね。

向井　ああ、曲紹介の。

長沼　歌が始まる前、イントロ中の曲紹介ですね。普通だとタイムウォッチで秒数を計って合わせるけど、ハリー君はそういうのを使わない。だけど一三秒って言われたらぴったりはめる。

向井　はぁ〜っ、プロの技ですねぇ〜。

長沼　そう、プロ！　どうしてできるのか聞いたら、「自分がこの歌い手になったら、ここでだんだんピッチが上がってきて、ここで歌い出したら気持ちいいなってところがある」って答えてて、全然わからなかった。

向井　感覚でわかるんだ。生放送もたくさんやってますしね。尺感が研ぎ澄まされているんですかね。

長沼　普段の話はちょっと長いなってこともあるんだけど。

向井　いや、わざわざ一個足さないで、褒めで終わって大丈夫です（笑）。こちらの番組でも長沼さんはまた街頭インタビューをされていますよね。

長沼　今はコロナで街頭インタビューはしていないけど、番組が始まったばかりの時に「WHAT'S COOL」ってコーナーがあって、それは日本に観光に来ている外国の方に街頭インタビューをする企画でした。日本ではかからないような、その方の出身国の音楽をかけることで、新しい音楽との出会いの場を目指すっていう。それで最初にADさんが行くことになったのですが、街頭インタビュー未経験なので、ディレクターさんに「めがねちゃん、ちょっと行ってあげて」とお願いされて。

向井　確かに、過去に混浴でインタビューしてるくらいですからね。

長沼　服着た街頭インタビューなんて全然もう(笑)。で、私としては「すいません」みたいに申し訳ない感じで話しかけるよりは、「こんにちは〜」って明るくいくのがいいなって。そうすると割と「Oh, I see」みたいに応えてくれるんです。

向井　フランクにいくんですね。

長沼　私、英語が全然できないから、文法なんてハチャメチャなんだけど、周りからも「そっちのほうが面白いな」みたいな反応をもらえました。

向井　明るさが評価されて。

長沼　そう。でもハリー君は「納得がいかない」と。「俺が手本を見せる」とばかりに、流暢な英語で街頭インタビューしたら、それがけっこう不評で。

向井　ちゃんとハリーが負けたと(笑)

長沼　悔しそうでしたよ。

向井　でもまさに、最初に仰ってた「人を元気にしたい」って話に通じていてすごい。「明るく楽しくやりましょう」って気持ちが常に満ち溢れていて、それがリスナーにも届いたからこそ、ナビゲーターを倒しちゃうんでしょうね。

長沼　いや、ハリー君はハリー君でいいところがたくさんあります!

健やかさが何よりも大事

向井　番組を作る上で心がけていること、大切にしていることはありますか?

長沼　ブースの中の空気を大事にしているので、常に自分をフラットでニュートラルな状態にしておかないといけないと思って。そのためにも、心も体も健康でいることを大事にしていますね。具体的には、日々の食生活と筋トレ。

向井　いつも健やかって、難しいことだと思うんですよ。やっぱり仕事の中でモヤモヤっと黒い感情が湧くことってあるじゃないですか。そこを食生活や筋トレで解消してると。

長沼　でも基本的に自分は一回寝たら負の感情が消えるタイプかも。あとは、自分の作ったお味噌汁を週に三回食べられたらなんとなく平気かなと。

向井　設定を低めにしておくんですね。

長沼　そう。あとは毎日お酒を飲んでるのも発散になってると思う。

向井　それも大きいだろうなぁ。でも、健やかに仕事をするって大事なことですね。

長沼　スタッフとかナビゲーターさんに迷惑をかけないように、自分が健やかであろうと。ブースの空気はリスナーさんに通じるものなので、最低限のことをしっかりやりたいですね。

〔二〇二一・九・三〕

ご長寿番組から見えてくるもの

長曽沙也子

（ながそ・さやこ）ラジオディレクター。１９９１年生まれ、東京都出身。大学卒業後、有限会社メガハウスに入社。「Honda Smile Mission」などの取材番組を経験したのち、「世界はまんがで出来ている!」「JET STREAM」〔全て TOKYO FM〕などの制作を担当している。

今回の裏方さんは、TOKYO FM「JET STREAM」を担当されているディレクターの長曽沙也子さんです。「JET STREAM」は、一九六七年に放送開始した民放FM最長寿番組です。そんな番組に携わっている裏方さんと、どんなトークになるんでしょうか。それでは「向井と裏方」スタートです。

向井　第一印象としては、ギャルですね！

長曽　それ、金髪だからですよね（笑）

向井　おじさんなので、金髪はギャルだと思っちゃうんです……（笑）。「JET STREAM」のほかにもTOKYO FMの番組を色々担当されていますが、長曽さんはラジオの制作会社に勤めているんですよね。その会社がTOKYO FMの仕事をたくさん請け負っているということですか？

長曽　そうですね。TOKYO FMさんとニッポン放送さんによくお世話になっている会社です。ディレクターとADでコンビを組むようになっていて、私の場合、一緒に組んでいるディレクターさんがＦＭに出入りしている人だったので、自分もＦＭ中心になっていきました。

向井　そうやって身振り手振り説明している手にもゴツめのアクセサリーがついていて、これはおじさんのよくないところですが、「やっぱりギャルかな？」と思っちゃう（笑）

長曽　入社したばかりの頃は猫かぶって地味めの恰好をしていたんですが、こうなっちゃいました。

向井　好きな恰好をしていい会社なんですね。

長曽　現場でもハイトーンの髪の子、めっちゃ多いです。演者さんより目立っちゃってるかも（笑）

向井　制作会社に入ったのは、やっぱりラジオがお好きだったからですか？

長曽　そうですね。大学でもラジオ制作を専攻していました。

向井　どんな番組を聴いていましたか？

長曽　それこそTOKYO FMで「Suntory Saturday Waiting Bar “AVANTI”」や「FRIDAY'S KING Take2」を聴いていました。ＡＭだと、福山雅治さんの「魂のラジオ」〔「福山雅治のオールナイトニッポンサタデースペシャル魂のラジオ」ニッポン放送〕ですね。めっちゃ楽しみにしていて、番組をＭＤに録音していました。

向井　ラジオきっかけで福山さんを好きになったんですか？

長曽　母が車でずっと「福山雅治のSUZUKI Talking F.M.」〔現在は「福山雅治 福のラジオ」〕を聴いていて、そこから福山さんの存在を知り、「めっちゃかっこいい人やん！」と。

向井　それで自分の将来を考えた時、ラジオ業界が一番に思い浮かんだんですね。

長曽　はい。音楽もすごく好きなんで、「音楽」と「喋り」となると、やっぱりＦＭかなと思いました。でも就活の時、TOKYO FMさんとニッポン放送さんの採用面接を受けたんですが、落ちちゃって……。たまたまTOKYO FMでバイトしている友達がいて、その子が今の制作会社を紹介してくれました。その友達には本当に感謝しています。

向井　面接の時は、自分なりのラジオ愛を伝えたんですか？

長曽　はっきり覚えているわけじゃないんですが、たぶん福山さんへの思いを語ったと思います（笑）

向井　後でじっくり聞かせてもらいますが、長曽さんは今、大好きな福山さんがパーソナリティを務める「JET STREAM」に携わっているんですもんね。

編集は「笑い、情緒、情報」を意識

向井　最初に担当したのは、どんな番組でしたか？

長曽　「Honda Smile Mission」です。

向井　月〜金で放送時間は七分だけど、がっつりロケをする。わりと特殊な番組ですよね。

長曽　ルーシー☆インザスカイさんがレポーターとして全国四七都道府県を訪ねて、その地域で何か精力的に活動されている方に取材する内容です。ルーシーさんって約一三年間、毎週どこかの土地に行く生活だから、たぶん四七都道府県を一〇周くらいしてるんですよ。

向井　いかついいっすね……！

長曽　ギネス記録取れると思います。ルーシーさんが取材した素材にナレーションで情報を加えたり、ルーシーさんに「〇県のどこどこで活動している××さんに会ってきてください」みたいなミッションを課すのがスタジオチームの役目でした。

向井　番組で長曽さんはどんな役割でしたか？

長曽　業界に入ったばかりの頃なので、最初はＡＤとして、ナレーションの編集とかですね。三年目くらいでチーフディレクターから「そろそろ取材に行ってみようか」と声をかけられました。取材となると、ネタ探しからブッキング、ロケスケジュール、旅の手配と一人で全部でやらないといけません。まずネタ探しが大変なんですよね。

向井　ネタはどうやって探すんですか？

長曽　年度ごとのテーマに沿った方がいないか、ひたすらネットなどで調べます。一〇年以上続いている番組なので、なかなか苦労していました。

向井　ネットで引っかかるようなことは、もう上から順にやっているわけですもんね。

長曽　何とか必死でネタ出しして、チーフディレクターのオーケーが出たらブッキングを始めるんですが、相手の方に電話をかけたら、「お久しぶりです！」と言われて……。「どういうこと？」と思ったら、その方は以前、別の活動をしている時に番組に出たことがあったんです。

向井　それだとダメなんですか？

長曽　番組出演はお一人一回だけのルールなので、「ごめんなさい」して、あらためてネタ探しです。あとは取材先がアウトドアだと、天気に左右されるのも大変でした。毎回ドキドキでしたね。

向井　何人くらいのチームでロケに行くんですか？

長曽　ルーシーさんとディレクター、ドライバーさん、ホームページ用の写真を撮ってくださるプロのカメラマンさんで、基本四人チームです。

向井　やっぱりルーシーさんは、色々話を聞き出すテクニックを持っていますか？

長曽　すごいテクニックを持っているんですが、いい意味で普通の方なんですよ。ルーシーさんが近所のおばちゃんみたいな親しみやすいテンションで接するので、相手の方もすぐに打ち解けて、いろんな話をしてくださいました。そうやってお話を四〇分くらい伺って、だいたい三分の素材に仕上げます。

向井　えーっ！　ふるいにかけて、もはや砂金を採るような作業ですね。

長曽　しかも、その中にちゃんとドラマがないといけません。自分の担当週が来た時は、一ヶ月ずっと「Honda Smile Mission」のことを考えていました。

向井　もはや修行ですね……。編集で意識していたことはありますか？

長曽　その頃お世話になっていたチーフディレクターからよく言われていたのは、「笑い、情緒、情報。この三つをバランスよく入れなさい」ということでした。単なる情報だけなら文字で読めば十分だし、やはり音声で伝える以上は、情報だけでなく、笑いと情緒も大事だと思います。

向井　情緒とは具体的にどういうことでしょう？

長曽　ドラマ性と言い換えてもいいかもしれません。それって取材対象者の方のお話をしっかり聞き出せたかどうかで決まるところがあるんですよね。取材がうまくいかなかった場合もどうにか編集でドラマ性を生み出すのが大変でした。「笑い、情緒、情報」という考え方は、今担当している仕事でもすごく生きています。

向井　「Honda Smile Mission」の現場で、杉浦太陽さんのすごさを感じたと聞きました。

長曽　杉浦さんはとても気さくで物腰穏やかな方なんですよ。何度か取材に行って頂いたことがあるんですが、ルーシーさんとわちゃわちゃやりながら一般の方のお話を伺って、すごくいい空気を作ってくださいました。「みんなの仲が良いと、いい現場になる」というのも「Honda Smile Mission」で実感したことです。

向井　録音する前から取材のムード作りが始まっていて、そのおかげで聞ける話がいっぱいあったということですね。

三年目で「辞めます」と伝えた

向井　「Honda Smile Mission」のほかは、どんな番組を担当してきましたか？

長曽　初めてディレクターを務めたのは、「ねるまえのまえ」〈TOKYO FM〉です。おののかさんと関取花さんがパーソナリティで、スタッフもみんな二〇代女子でした。

向井　どういうふうに作られている番組でしたか？

長曽　生だから押せない、巻けない、事故れない！あとは「寝る前の時間をととのえる」というコンセプトなので、優しい番組作りを意識していました。各曜日で食とか美容とかテーマがあるんですが、私が担当していた火曜日は、おのさんがサウナ好きというのもあって、お湯がテーマ。だから銭湯とかのお湯の音を流して、「ここはどこの銭湯でしょう？」みたいなことをやってました。そのために銭湯に行って、「すみません。お湯の音を録らせてください」と頼むんです（笑）

向井　同世代の女性たちと番組作りをする楽しさや充実感がありそうですね。

長曽　文化祭の盛り上がりみたいな空気がありました。とても楽しかったですけど、そのぶん内輪ノリにならないようには気をつけていました。仲はよくても馴れ合いになっちゃいけないなと。

向井　ラジオはそこが難しいですよね。ある種、内輪っぽいメディアではあるけど、そうなりすぎちゃいけないっていう。ところで、「アポロン★」〔TOKYO FM〕というお昼の番組もやっていましたよね。

長曽　「アポロン★」ではＡＤでしたが、ここで生放送のＡＤのなんたるかを教わりました。

向井　どういう仕事でしたか？　やっぱり大変？

長曽　いやー、大変ですね。ワイド番組だと、単純にやることが多いんですよ。曲やＣＭや告知といった「マスト事項」をまずまとめます。あとはケータリングの準備をしたり、演者さんが来る前にスタジオを整えたり、地震が起きたら即対応したり、交通情報を繋いだり、ＳＮＳで告知したり、ＡＤの仕事がめちゃくちゃありました。

向井　ワイド番組ということは、月～金ですか？

長曽　月～木の放送でした。私は火曜担当で、ほかの曜日のＡＤ同士で情報共有もしないといけません。

そういうなんやかんやを済ませて、やっと放送が終わったら、また片付けて番宣して……。

向井　それだけ忙しくて、心が折れることはありませんでしたか？

長曽　三年目の時、「もう辞めます」と社長に伝えました。とりあえず作業量を減らすことになって、気づけば「あれ？　辞めるって言ってからもう一年経ったぞ」みたいな状況に。気持ちに余裕ができると、また少し頑張ってみる気持ちが湧いてきて、ディレクターに近い立場の仕事も振って頂けるようになってからは、一層やる気が出ました。

向井　今はどの業界も働き方改革が進んでいますが、長曽さんが入った頃は過渡期だったんですかね？

長曽　そうですね。私の頃はまだありましたが、たぶん今はもう「寝れない」とか「帰れない」とかはないと思います。

向井　そういう苦労を経て、念願の福山さんの番組に辿り着くわけですね。

憧れの福山雅治に対面！

向井　「JET STREAM」はディレクターとして担当しているんですか？

長曽　はい。ディレクターとして。

向井　福山さんにお会いできるものなんですか？

長曽　それがお会いすることはできないんですよ。ナレーションチームが収録したものを私たち完パケチームが整えてから、世に出しています。でも一度だけ顔合わせでお会いしましたよ。生福山さん（笑）

向井　おぉ。率直に、どうでした？

長曽　いやぁ……なんかもう「あっ、本当にいるんだ！」と思いました。

向井　やっぱりそういう感じになるんですね。長曽さんは完パケチームとのことですが、それはどんなお仕事なんですか？

長曽　素材を編集して、ＢＧＭや効果音をあてたりして一本の番組に仕上げることを「完パケ作業」と呼んでいます。

向井　なるほど。「JET STREAM」というのは、TOKYO FMの最長寿番組です。看板番組でありながら、普通のフリートークとはまた違う独特なテイストですよね。

長曽　そうですね。リスナーさんに旅行しているような気分になってもらって、寝る前に心地よい時間を過ごして頂くための番組だと捉えています。

向井　どういうふうに選曲しているんですか？

長曽　選曲は選曲でチームが別にあるんですよ。インストを五曲、歌ものを三曲かけるんですが、それぞれ別のチームが担当しています。

向井　そんなに分かれているんですね。

長曽　ナレーションを録るチーム、完パケするチーム、それで選曲チームがインストと歌もので別々にいるから、結構分かれています。

向井　なるほど。この春〔二〇二二年四月〕から番組内容を一部リニューアルしたと聞きました。

長曽　はい。著名な作家さん達が「旅の物語」の台本を書いてくださるようになって、第一週目は道尾秀介さんに担当して頂きました。それまでは曜日完結の台本だったんですが、月～金で一本のドラマ仕立てになって、より一週間を通して楽しめる番組になったと思います。

向井　ただ、月～金の流れがあるぶん、編集もまた少し難しくなりそうですね。

長曽　そうですね。ＢＧＭのセンスとか作り方とか、ディレクターごとに違いがありますから。リニューアル前は曜日ごとに個人プレーをする感じでしたが、今は月～金のスタッフ同士で話し合って、イメージのすり合わせをしています。

向井　やっぱり僕らがやっているような、フリートークのＡＭの番組とは全然違いますね。

「英孝ちゃんの番組だから来たよ」

向井　「JET STREAM」のほかに今担当されている「まんが王国 presents『世界はまんがで出来ている！』」〔TOKYO FM〕は、僕らがやっている番組に近いバラエティっぽい雰囲気ですよね。この番組ではディレクターですか？

長曽　はい。

向井　漫画家さんとか漫画好きの著名人とか、毎回ゲストが変わるじゃないですか。ディレクターとしてゲスト選びにも関わっているんですか？

長曽　そうですね。作家さんと毎回話し合っています。私も漫画好きなので、ありがたい番組です。

向井　狩野英孝さんと倉持由香さんがパーソナリティで……。

長曽　お二人ともすごく漫画好きで、知識の量が半端じゃないので頼り切っています（笑）

向井　もちろん僕らはお世話になっていますし、面白い芸人さんなのも知っていますが、どちらかと言えば狩野さんって、そこまで番組を回すようなイメージはないじゃないですか。一緒に番組をやってみて、いかがですか？

長曽　いち視聴者というか、いち一般人の意見になりますが、狩野さんは天才です。

向井　やっぱりすごいですか！

長曽　ご本人が狙っていない部分で生まれる笑いが、本当に面白いんですよ。お忙しい方なのに、私たちスタッフにもすごく温かく接してくれます。

向井　杉浦太陽さんのすごさとも共通していますね。本番前の空気から、楽しい番組になる土台がしっかり作られているというか。

長曽　仰る通りです。狩野さんの先輩にあたる品川庄司の品川〔祐〕さん、ココリコの遠藤〔章造〕さん、ロンドンブーツ1号2号の田村亮さんといった大物芸人の方々もいらっしゃって、「英孝ちゃんの番組だから来たよ」と言ってくださるんですよ。そこにも狩野さんの人徳を感じています。遠藤さんの時なんか、狩野さんがギターを弾いて、お二人で生歌を披露してくださいました。

向井　ディレクターさんが「これ、お願いしていいのかな?」と迷う部分が、狩野さんがいらっしゃることで回る場合もあるんでしょうね。

〔二〇二一・五・六〕

Podcastができること

神吉将也

（かんき・まさや）ラジオ関西デジタル戦略部所属。１９９３年生まれ、京都府出身。関西学院大学を卒業後、２０１６年ラジオ関西入社。マユリカ、紅しょうが、ダブルヒガシら、若手お笑いコンビのPodcastにプロデューサーとして携わる。「マユリカのうなげろりん!!」はApple Podcastの「２０２２年ベスト番組」に選出。企画・プロデュースしたマユリカファースト写真集『Perfect!!』は販売数３５００部を突破し、イベント「マユリカの初イベりん!! 神戸から鼻にぶつかりワオッ！くさっ!!」は会場チケットと配信チケットを合わせて４５００人を超える動員となった。

今回のゲストは、ラジオ関西の神吉将也さん。ラジオ関西といえば、ちょっとした関わりがありまして。以前、東ブクロ〔さらば青春の光〕との間で「お笑い界のラジオスターはどっちだ」という論争があったんです。東ブクロがラジオ関西で「学生芸人YOAKE MAE」をやっていたので、言い合いの最中に僕がポロッと、「ラジオ関西の番組は数に入れていいのか」と口を滑らせてしまって（笑）。神吉さんの耳にも届いているらしいので、今回はそのあたりの話から始めることになりそうです。それでは「向井と裏方」スタートです。

向井　本日のゲスト、ラジオ関西の神吉将也さんです。よろしくお願いします。

神吉　ラジオ関西の神吉です。お願いします。

向井　まずは神吉さんに謝らなければ

ば……。ただ、僕の言い分も喋らせてほしいんですけど。

神吉　はい。

向井　ＴＢＳラジオ「さらば青春の光がＴaダ、Ｂaカ、Ｓaワギ」の中で「ラジオスター論争」というのがあって。向井と東ブクロ、どっちがラジオ番組を多くやってるのか、戦いが起こったんですよ。僕のレギュラー本数の中には、このAuDeeの「向井と裏方」も入っている。それをさらば青春の光が「アプリのラジオをレギュラー本数にカウントしていいのか」と煽《あお》ってきたから、売り言葉に買い言葉じゃないですけど、「じゃあ、ラジオ関西をカウントしていいのか！」みたいに言ってしまって。

神吉　それはおかしいですよ！(笑)我々は地上波でやってますんで。

向井　そうなんですけど、こっちも「AuDeeをバカにされた！」って気持ちから、思わず口に出てしまったんです。神吉さん、その放送を聴いてらっしゃって。

神吉　もちろん。楽しみに聴いていたら、まさか向井さんからそんな言葉が出るなんて、びっくりしました。でも実は、「Ｔaダ、Ｂaカ、Ｓaワギ」サイドに言いたいことがあって……。

向井　それは言いましょう！　何ですか。

神吉　向井さんが「学生芸人YOAKEMAE」をやる企画があったじゃないですか。

向井　やりました。「YOAKEMAE」と同じ形式で、僕が東ブクロのように番組を回せるのか挑戦するコーナーをやらされましたよ。

神吉　あれ、むちゃくちゃ無断で……。

向井　えっ、ラジオ関西に許可を取ってなかったんですか⁉

神吉　普通なら「パロディ企画をやってもいいですか」って連絡があるはずなんですけど、勝手に名前を使われてて。「やっぱりラジオ関西はナメられてるな」と思いましたね(笑)

向井　いやいや、ナメてないですよ！

念願の芸人ラジオで人選を任されて……

向井　そもそも、神吉さんがラジオ関西に入るきっかけは何だったんですか。

神吉　ラジオは学生の頃から聴いていて、特に「おぎやはぎのメガネびいき」〔TBSラジオ〕が好きでした。ただ、ラジオ業界に入ろうとは思っていなくて。キー局の採用情報を見ると、毎年数人しか採っていない狭き門だったんですよ。もし採用試験を受けて入社できなかったら、今後番組を聴き続ける中で、「あぁ。落とされたな」って考えが頭をよぎるだろうと思って。それが嫌で受けなかったんです。でもその頃、ラジオ関西を聴いていたら「新卒採用を始めました」ってCMが流れてきて、「まぁ、ラジオ関西なら受けてみてもいいかな」と（笑）

向井　最初は神吉さんも、ラジオ関西をちょっとナメてたんだ（笑）

神吉　僕は京都育ちなので、正直、ラジオ関西について全然知らなくて。「今後接することもないし、いいかな〜」と、軽いノリで新卒採用にエントリーしました。

向井　でも、そんな感じで試験を受けたら採用されて。いきなり番組作りに携われたんですか。

神吉　それを夢見てたんですけど、最初に配属されたのが事業部っていう、イベント運営の部署でして。あんまりラジオっぽくない仕事をしてたんです。

向井　例えば？

神吉　カラオケ大会とか。

向井　この番組のゲストさんからあんまり聞いたことないですね、「カラオケ大会を開催していた」って。

神吉　一般の方からエントリー料を払って頂き、送ってもらった音源を審査して。予選を通過した人が、ホールの舞台上でワンコーラス歌えるんです。

向井　それで優勝が決まるんですか。

神吉　そうですね。その決勝大会に進出する時にも、もう一回お金を頂くんですけど。

向井　それはちゃんとした大会ですよね？　やり方がグレーな気がするんですが……（笑）

神吉　ちゃんとした大会です。人前で、それもホールの舞台上で歌ってみたいという、カラオケ好きな参加者が多かったですね。そんなイベントを企画して、チケット代でお金を稼いでいこう、という部署でした。

向井　最初はそんなお仕事からスタ

ートして、番組作りにはどんな流れで関わるようになったんですか。

神吉　僕がラジオ関西で七年ぶりの新入社員だったので、「神吉に色々な経験をさせてやろう」と、社内の人たちが仕事を振ってくれるようになって。「番組作りを知らないと会社のこともわからないから」という方針で、ワイド番組のADやディレクターなど、制作の仕事もやらせてもらえるようになりました。

向井　制作の仕事を始めた頃に、自分で「これができたのはすごいな！」って思えた仕事ってあります？

神吉　芸人さんのラジオがずっと好きだったので、初めて担当できた時は嬉しかったです。からし蓮根さんの「さしよりからし蓮根」という番組なんですけど。ラジオ関西ってそれまで、吉本の芸人さんの番組が一つもない放送局だったんです。吉本興業さんって関西ではどう考えても大手事務所じゃないですか。それなのに番組がないから不思議に思っていたところ、三月に編成の偉い人から突然呼び出されて、「四月から吉本芸人さんの番組を作るぞ」と。

向井　結構短い期間なんですね。

神吉　突然、お笑い芸人さんの番組を作れるチャンスが来て、「九〇分の生放送の枠をお前にあげる。誰でもいいから出演者を選んでくれ」と言われたんですよ。

向井　誰でもいい（笑）

神吉　嫌な言い方ですが、「吉本なら誰でもいい」みたいな感じです。うちの局としても、吉本さんと関係性を築いておきたかったんだと思います。

向井　そこでからし蓮根をチョイスしたのは？

神吉　実は当初、からし蓮根さんじゃない芸人さんで考えてたんです。今も仲良くさせてもらってるので名前を出しますが、最初はネイビーズアフロさんにお願いするつもりでした。地方局って、出演者のプロフィールに何かしら関連づけてキャスティングすることが多いんですよ。そのほうが、イベントや営業戦略に絡められるので。ネイビーズアフロさんは神戸大学出身で、神戸のラジオ局としては企画が作りやすいという、最初はそんな地方局的な発想で考えてました。

向井　なるほど。

神吉　でも、吉本興業さんへ打合せに行く当日、編成部長と一緒に電車を待っているホームで、「これでいいんだろうか……」って迷ってしまって。誰を呼ぶか自分で決められる機会なんだから、全くラジオ関西っぽくない人を使ってみたい。そんな気持ちが湧いてきました。からし蓮根さんは熊本県出身ですけど、漫才がすごく面白いと思っていたんで、編成部長に「やっぱり、からし蓮根に変えてもいいですか」ってその場で言ったんです。

向井 吉本興業へ向かっている途中にですか。

神吉 はい。

向井 編成部長の反応は……？

神吉 「あぁ、いいんちゃう」って。

向井 そんなに軽い感じなんだ（笑）

神吉 吉本さんにも「からし蓮根さんでお願いしたいんですが……」とご相談して、番組を始められることになりました。

ビキニ写真集で制作費を確保！

向井 それ以降は芸人さんのラジオをいくつも制作されてきて、今は、マユリカの番組も担当してらっしゃいますよね。

神吉 そうですね、「マユリカのうなげろりん!!」というPodcast番組を。地上波では放送していなくて、Apple Podcast や Spotify、Amazon Musicなどで聴ける番組を、ラジオ関西で制作しています。

向井 マユリカの番組が始まったのは、どういうきっかけで？

神吉 元々はラジオ関西の地上波で「よしもと☆のびしろアワー」という、吉本の若手が出演する枠を作ったんです。「いろんな芸人さんと関係を築いておけば、イベントや営業で使いやすいだろう」って狙いもあって。

向井 パイプ作りをしていたわけですね（笑）

神吉 四組の芸人さんが週替わりで担当する枠で、「パーソナリティの人選は神吉に任せるわ」と、また頼まれました。からし蓮根の前例もあって、「神吉は芸人に詳しい」と思われてたんでしょうね。その時選んだのは、ダブルヒガシさん、紅しょうがさん、たくろうさん、そしてマユリカさん。

向井　いいメンバーだ。

神吉　賞レースでも、今後の活躍を期待できる方々を選びました。ただ、コロナ禍の影響で、うちが企んでいたイベントや営業戦略を実施できる機会が全然なくて。

向井　この二年、イベントができなかったですもんね。

神吉　どうしても制作費が回収できず、「のびしろアワー」の枠を縮小することになりました。毎週やっていた「さしよりからし蓮根」やネイビーズアフロさんの番組（「ネイビーズアフロのレディGO! HYOGO!」）を、「のびしろアワー」の一枠に入れることになり、その分、僕が選んだ芸人さんがはじき出される形になって。それでもラジオ関西としては、芸人さんとの関係を保っておきたい。そこで、月一回の放送枠を、はじき出されたダブルヒガシさん、マユリカさん、たくろうさんの三組が交代で担当する、年四回しか出番のないレギュラー番組を作ったんです。

向井　年四回のレギュラー番組って、なかなか聞いたことないですね（笑）

神吉　僕としてはマユリカさんがすごく面白かったし、リスナーも増えていたのに、放送回数を減らすことになったのが悔しくて。「面白くても、やっぱり制作費がないと続けられないのか」と痛感しました。ちょうどその頃、僕がデジタルビジネス推進室という部署に異動するタイミングだったので、番組改編が発表された日の夜に、当時の吉本のチーフマネージャーさんに、「Podcastをやらせてもらえませんか」って電話をして。

向井　デジタルビジネス推進室は、どういうお仕事をする部署なんですか。

神吉　簡単に言うと、インターネットを使ってお金を稼ぎましょうっていう部署です。「うなげろりん!!」に関しては、「番組グッズをオンラインストアで販売して、その売り上げを制作費にしましょう」と吉本さんにご提案して快諾頂き、番組が始まりました。

向井　今日は神吉さんが番組グッズを持ってきていらっしゃって、マユリカが水着で海辺に横たわっている写真集がありますが、これは……。

神吉　マユリカファースト写真集『Perfect!!』です（笑）

向井　この写真集はなんで作ることになったんですか。

神吉　Podcastの初回に、「お金がないので、グッズを作って売り上げを制作費に充てます」と、正直に白状しまして。どんなグッズを作るか話すうちに、二人から「ビキニ写真集を撮りたい！」という案が出て、「そんなん、どうやって作るねん」「作家さんのiPhoneで撮って、それを売ったらええやん」みたいな感じで、話が盛り上がりました。僕も面白いなとは思ったんですけど、作るにもお金がかかるし、正直、面倒くさいのもあって、写真集に関してはずっと放置してたんですよ。そうしたら、某大手出版社で編集者をしているリスナーさんからメールが届きまして。「どうにか番組の力になりたいです。私が全部ノーギャラで編集作業をやるので、写真集を作りませんか！」と。

向井　おぉ！　お金も要らない、という話になって。

神吉　すぐに電話して「お願いします！」と頼みました。

向井　だからこの写真集、今チラッと見ただけでも、めちゃくちゃ出来がいいですよね。

神吉　カメラマンさんも、ジャニーズWESTさんのファースト写真集を撮った方にお願いしたんです。「あなたのキャリアに、マユリカのビキニ写真集が入っても本当に大丈夫でしょうか」って何回も確認したんですが、「面白いんで、ぜひやらせてください！」ってお返事頂いて。神戸のプライベートビーチを借りて撮影して、写真集として販売にまで持っていくことができました。

向井　そういう時に、番組のことが好きなリスナーの熱量って、すごい力になるんですよね。

神吉　そうなんですよ。本当に面白い番組だったからこそ、そういうふうに動いてくださる方が出てきたのかなと思っています。

向井　結果として、どれぐらい売れたんですか。

神吉　値段が三五〇〇円で。

向井　なかなかしますね〜！

神吉　田中みな実さんの写真集が一九〇〇〇円くらいらしいんですけど（笑）

向井　倍ぐらいの（笑）

神吉　正直、売れると思ってなかったんですけど、結果、一一〇〇部売

れまして。〔二〇二三年六月現在、三五〇〇部〕

向井　えーっ！　しっかり収益になったんですね。

神吉　写真集に関しては、あくまで話題作りだと思ってたんですよ。Podcastって知られていないんで、これをきっかけに、面白い動きをやってることだけでも知ってもらえればいい、と。利益がなくてもトントンに持っていければいいと思ってたんですけど、結果、これぐらい売れたら採算が取れるという売り上げには初日で到達して。どんどん売れて、気づいたら一〇〇〇部以上買って頂けたんです。

向井　すごいなぁ。

名刺代わりになる番組を

向井　神吉さんが感じる、マユリカのラジオのいいところはどこですか？

神吉　マユリカの二人は三歳の頃からの幼なじみで、普段から、移動する時もずっと一緒なんです。そんな芸人さん、他にあんまり見たことないくらいに仲がいい。

向井　そんなにですか。

神吉　びっくりするぐらい、というか、ちょっと気持ち悪いぐらいに仲の良さがにじみ出ているから、ボケの阪本さんが相方の中谷さんを陥れたり、むちゃくちゃイジったりしても、嫌な感じがしないんです。さらに中谷さんがツッコミで盛り上げていくので、二人の掛け合いがすごく面白いですね。ラジオって普通のことを喋っていても、ずっと聴いていられるのが大事だなと思っているので、ほぼフリートークだけで約三〇分、最後まで楽しく聴いていられるところが「うなげろりん!!」の一番の魅力です。

向井　二人の関係性や根底にある面白さが、そのままラジオに出てるんですね。

神吉　そうだと思います。

向井　Podcast番組は他にもやってるんですか。

神吉　次はダブルヒガシさんを年四回の檻から出してあげたいなと思って（笑）、「はちくちダブルヒガシ」という番組を始めました。

向井　やっぱりダブルヒガシの魅力も、トークの部分ですか？

神吉　はい、ダブルヒガシさんも二人の掛け合いがよくて。トークの面白さだけで勝負できる番組になってます。僕としては、芸人さんにこのPodcastを名刺代わりにして、売れてほしいと思ってるんです。Podcastは全国で聴けるので、テレビのスタッフさんとかが聴いて、その芸人さんを起用するきっかけになったら嬉しいですね。

向井　芸人さんの説明書みたいな。

神吉　そういう番組作りを意識しています。

向井　そんな風に好きな芸人さんと番組を作れることって、なかなかないですよね。

神吉　今の部署の環境はありがたいです。

向井　その点は、ラジオ関西の良さなのかもしれませんね。

神吉　いい意味でも悪い意味でも、ラジオ関西には「ラジオとはこうあるべき」みたいな、決まった哲学がないので（笑）

向井　社員に何でも任せてもらえる社風なんですか？

神吉　任せてもらえるっていうと、すごく良い言い方ですけど、実際は「勝手にやれ」っていう感じですね（笑）。それを良いと思うか悪いと思うかは、人によって分かれると思うんですけど。若い世代のリスナーを増やすためにも、今のうちの会社にはないものも取り入れながら、自分自身がプライベートでも聴きたくなるような番組を一つでも多く作りたい。そんな気持ちがずっとあって。だからこそ、番組を自由に作らせてもらって、ちゃんと結果を出せば続けていけるラジオ関西の環境は、僕に合ってるなと思ってます。

Podcastなら、面白さでトップを狙える

向井　「うなげろりん!!」で、「今度はこれを作りたい」という次のアイデアもあるんですか。

神吉　セカンド写真集を作りたい思いはありますけど（笑）、今はとにかく、番組を知ってもらうことが第一ですね。Podcastランキングのお笑い部門って、一位から一〇位まで

ほとんどＴＢＳさんとニッポン放送さんの番組しかないんですよ。でも、今この収録をしている時点では、「マユリカのうなげろりん!!」は一一位に入っていて。

向井　あとちょっとでトップ10に追いつけますね！

神吉　Podcastって、どこでも聴けるという意味では、キー局とも同じ土俵に立ってるわけで。面白さだけで上を目指せるなら、夢があるなと思ってるんです。最近は、闘志がメラメラ燃えてますね。

向井　ニッポン放送でも「オールナイトニッポンPODCAST」を展開していますよね。そこには負けないぞっていう気持ちで。

神吉　「ラジオ関西、ナメんなよ！」と思ってます。

向井　やっぱり「面白さで追い抜いてやる！」っていう熱量が多少は必要ですよね。僕もＣＢＣラジオっていう地方局で番組をやってるので。もちろん地方局としての良さは守りつつ、「何かあったらぶち抜くぞ！」って気持ちはあります。そんな環境だと、若手芸人たちも面白い成長の仕方ができそう。

神吉　でも、本当に芸人さんってわかりやすいなと思うんですけど、売れる前に僕が声をかけて番組を作ると、ものすごく感謝してくれるんです。「こんな僕達の冠番組を作ってくれてありがとうございます！」って。だけど、その芸人さんがちょっとでも忙しくなると、「神戸まで来るのダルいな〜」って感情が、明らかに顔色に出てくるんですよ。

向井　ははは（笑）

神吉　だからこそ、「面倒くささを乗り越えてでも、神吉と、ラジオ関西でやりたい！」と芸人さんに思ってもらえる番組を作らないと。

向井　今の話を聞いていると、「なにくそ、負けないぞ！」って心が燃えてくる材料は揃ってますね。そりゃ、「Podcastランキングのトップ10に入るぞ」って気持ちになりますよ。

神吉　そうですね、上位を目指したいです。

〔二〇二二・一・一四〕

VU
VU
VU
VU

◎タイムテーブルリレー◎もしも自由に番組が作れるなら、いつの時間、誰で、どんな番組を作ってみたい？

TIMETABLE RELAY 202X/1→12

裏方さんが今一番作ってみたい番組を集めた架空のタイムテーブルリレー。そんな夢コーナーで一緒に遊んでくださった、裏方さんたちの夢企画を紹介します。

人物撮影（㉞以外）：植木海斗＋長曽沙也子

5 6 7 8 9 10 11 12 13 14 15 16 17 18 19 20 21 22 23 24 25 26 27 28

土

- ㉑**なぎら健壱ワイド／**なぎら健壱〔企画：御舩陽平〕
  - 11:20〜11:30 ㉒**Lunch Time Eating／**タモリ〔企画：小林洋平〕
- ㉓**カレンのおもてなし／**滝沢カレン〔企画：竹原知里〕
- ㉔**竹原慎二の右ストレート／**竹原慎二〔企画：通谷研志〕
- ㉕**サロン・ド・成田凌／**成田凌〔企画：福田展大〕
- ㉖**芸人養成学校甲子園／**向井慧〔企画：髙橋洋二〕
- ㉗**Super Radio 野球中継／**煙山光紀〔企画：鈴木一男〕
- ⑭**あなたの人生ここイチバン／**〔企画：内田寛之〕（土・日）
- ㉘**ジャズ喫茶タモリ／**タモリ〔企画：弘島憲〕
- ㉙**A line／**愛知県出身のアニソンシンガー＋声優〔企画：秦進太郎〕
- ㉚**戸波さんごめんなさい（仮）／**齋藤飛鳥、綾野剛ほか〔企画：宇野智史〕
- ㉛**レインボー・ジャンボたかおと令和ロマン・髙比良くるまのラジオ／**ジャンボたかお、髙比良くるま〔企画：奥田泰〕
- ㉜**真夜中のピクニックラジオ／**〔企画：寺坂直毅〕

日

- ㉝**ラジオを聴かない人に聴かせるために聴いてる人間が色々考えるラジオ好きのラジオを聴かせたい番組／**向井慧＋各局の方々〔企画：高杉太郎〕
- ㉞**ハライチ岩井 相談のターン／**岩井勇気、宇賀神メグ〔企画：宮嵜守史〕
- ㉟**長瀬とバイク／**長瀬智也〔企画：小野口篤〕
- ㊱**スーパーリッチ／**〔企画：中島正史〕
- ㊲**Wow! SONG／**菊池風磨＋ジャニーズの方々〔企画：中村祐子〕
- ㊳**私は誰？／**〔企画：おおくまみなみ〕
- ⑭**あなたの人生ここイチバン／**〔企画：内田寛之〕（土・日）
- ㊴**演劇な時間／**〔企画：中村雅史〕
- ㊵**失恋プレイバック／**今泉力哉〔企画：戸波英剛〕
- ㊶**向井と岩井／**向井慧、岩井勇気〔企画：石井玄〕
- ㊷**あじ。／**構成作家〔企画：ふかわげんき〕
- ㊸**オトジメ／**〔企画：坂下冬樹〕

	月	火	水	木	金
5	①**朝から、ひとり酒**／松本まりか〔企画：長沼けい子〕				
6					
7					
8	②**有吉＆ジャニーズ THE朝会**／井ノ原快彦、藤ヶ谷太輔（Kis-My-Ft2）、森本慎太郎（SixTONES）、宮近海斗（Travis Japan）、櫻井翔〔企画：高井均〕				
9					
10					
11					
12			③**ドラッカー先生監修「もうまだ・真ん中ワイド！」**／今田、山田、島田など「まだ」がつくパーソナリティ＋リポーター・もう中学生〔企画：藤井青銅〕		
13					
14					
15					
16					
17	④**帰宅部**／〔企画：大村綾人〕				
18					⑤**おい、ラジオやるぞ**／加藤純一〔企画：エレファントかさ増し〕
19	⑥**ONDO**／堀内貴之〔企画者：東海林靖〕				
20					⑧**サイバーパンク**／MOROHA UK〔企画：木村美穂〕
20	⑦**会見**／田村淳〔企画：大畠順子〕				⑨**K-POP☆パラダイス**／K-POP好き芸人〔企画：柴田和江〕
21				⑩**三十路が始まる**／指原莉乃、DJ松永、ゆとりっ娘たちのたわごと〔企画：三浪瞭〕	
22				⑪**おぎやはぎの大人になる前に**／おぎやはぎ〔企画：神吉将也〕	⑫**アドベンチャーラジオ ほぼブラックミラー**／〔企画：中尾慎〕
23	⑬**GAGひろゆきのクイズ23時**／GAGひろゆき〔企画：矢野了平〕				
23:45～	⑭**あなたの人生ここイチバン**／〔企画：内田寛之〕				
24			⑮**ヤシキキョウヘイ**／屋敷裕政、R-指定〔企画：髙橋亘〕		
24:55～	⑯**新しい波**／藤井隆〔企画：長曽沙也子〕				
25					⑰**生音会**／〔企画：舟崎彩乃〕
26					⑱**辻スペシャルワールド**／バナナマン、有吉弘行、向井慧...etc.〔企画：辻慎也〕
27	⑲**女子大生の寝落ちラジオ**／女子大生〔企画：加藤慶〕				⑳**マイク置いときます。**／〔企画：西畑風雅〕
28					

①

朝から、ひとり酒

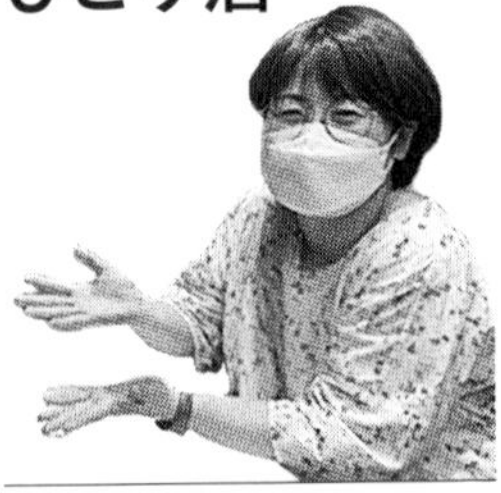

月曜 5:00 ～ 6:00／出演者：松本まりか／提供：宝酒造／企画者：**長沼けい子**

朝からひとり酒を飲む人に話を聞く街頭インタビュー番組。朝なのに、いやむしろ朝ゆえに、端正なスーツに身を包んだ紳士や、駅に行く道すがら缶チューハイを片手に歩く人、凛として綺麗な酒を嗜む人が多いという。そんな名もなき市井の人々の語りから、彼らの人生観が透けて見えてくる。恒例の締めの質問は「人生の最後に音楽が聞こえてくるとしたら、あなたならどんな曲ですか」。彼らとリスナーとの間に束の間のまぐわいをもたらすと定評がある。インタビューの模様をスタジオで聴く松本まりかさんの「うーん、なんかなあ」といったリアクションもほど良く、月曜の朝からチアアップしすぎず、ぬる燗のような聴き心地が人気を集めている。

②

有吉&ジャニーズ THE朝会

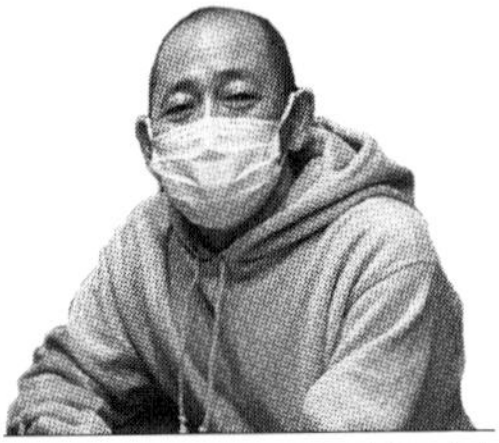

月～金　8:00 ～ 11:00／出演者：有吉弘行+ジャニーズ（日替り）／企画者：**高井均**

一日の始まり、さわやかな朝の有吉弘行さんのトークも聴いてみたい。有吉さんのトークを受け止めながら引き出すのは男性アイドル。月曜から金曜の日替わりパーソナリティを務めるのは、井ノ原快彦さん、Kis-My-Ft2の藤ヶ谷太輔さん、SixTONESの森本慎太郎さん、Travis Japanの宮近海斗さん、櫻井翔さんと、ラジオ局の懐事情を一切無視した錚々たるメンバー。彼らが有吉さんと二人でその日のスポーツ新聞やウェブ記事をもとにトークを繰り広げる。「本当にこの二人でやる意味あるの?」といった質問は無粋の極みだが、実はそれこそが本番組のコンセプト。三時間、とりとめもなくグダグダ喋る感じは忙しい朝の「ながら聴き」にぴったり。

③

ドラッカー先生監修

「もうまだ・真ん中ワイド!」

水曜 11:30 ～ 13:30／出演者：「まだ」がつくパーソナリティ+リポーター・もう中学生／企画者：**藤井青銅**

世の中のスピードが速くなっている今、一週間というサイクルさえ「長い」と感じ、「今日は何曜日?」と思うこともある。そんな一週間の真ん中水曜日の、午前と午後の真ん中に、一週間の区切りをつける番組。タイトルは、ピーター・ドラッカーの「コップの水理論」から。毎回リスナーからの電話「新婚まだ一週間」「開店してもう二〇年」「フラれてまだ二時間」などの「もうまだ人生テレフォン」が人気。リポーター・もう中学生さんの、段ボールを使ったお店訪問中継がまったくラジオ的でなく意味不明なのが、逆に人気。月・火にいいことがあった週も嫌なことがあった週も、「もう」か「まだ」は気の持ちようと感じて、木・金に向かえる番組。

④

帰宅部

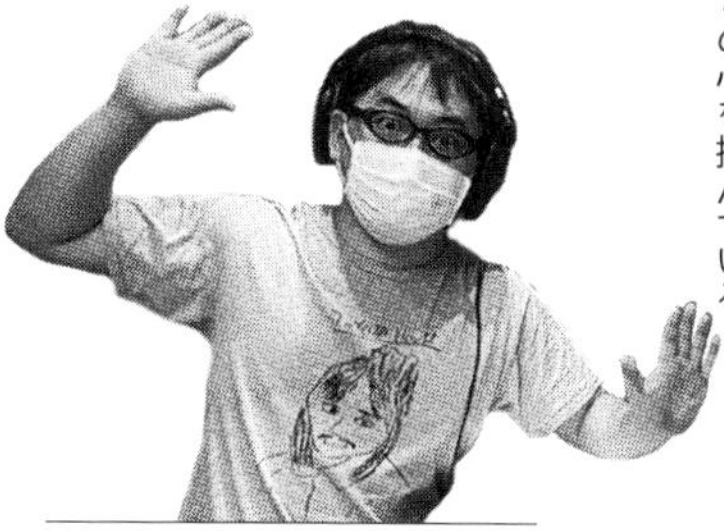

月～木 17:00 ～ 19:00 ／出演者：25歳以下の方／企画者：**大村綾人**

部活に入らずまっすぐ家に帰る人、部活帰りに聴く人、その両方に向けて、今一〇代の間で流行っているモノ、コトを教えてくれる情報バラエティ。深夜帯ではないため毎日聴けると好評だそう。番組には独自ルールがあり、パーソナリティも裏方も、年齢の上限は二五歳。唯一の例外は、炭鉱のカナリア役を務める四一歳の構成作家。いつもブースの外で興味なさそうに番組を聴いているが、それが正解。実はこの人が笑える話はNG、あくまで一〇代だけが夢中になれる話題を喋ってほしいという意図による。喋り手と聴き手、同世代ならではの濃くて熱いトークが帰宅部員たちの心を掴んでいる。

⑤

おい、ラジオやるぞ

金曜 18:00 ～ 19:00 ／出演者：加藤純一／企画者：**エレファントかさ増し**

〝うんこちゃん〟のハンドルネームで活動するゲーム実況系YouTuberによるトーク&ゲーム番組。実況中にしばしば名言が生まれるなど、ゲーム以上に定評のあった喋りの巧さに目をつけられ、今最も勢いのある配信者の一人。毒舌ぎみの口調ながら頭の回転が早く、明るくズバズバとものを言うキャラクターに惹かれて弟分的な男性リスナーが多いという。過激なツッコミ、自身の経験をもとにした率直なアドバイスが好評のお悩み相談、ゲーム紹介、YouTubeの生配信との連動など聴きどころも多い。番組名は自身の動画タイトルにしばしば用いられる「おい、〇〇〇やるぞ」から付けられた。

⑥

ONDO《オンド》

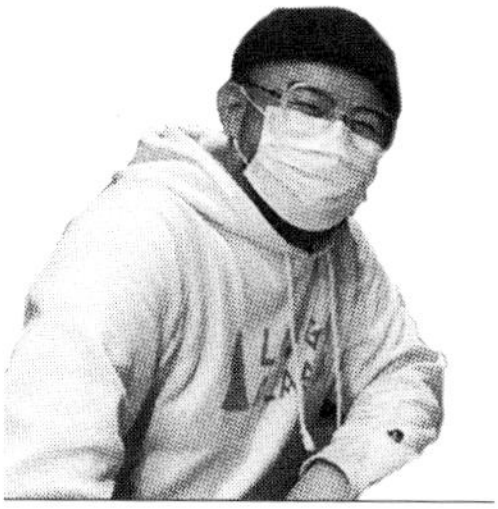

月～金 19:00 ～ 20:00 ／出演者：堀内貴之／提供：酒造メーカー／企画者：**東海林靖**

コンセプトは「僕らの生活の延長にあるラジオ」。東京のラジオをローカルメディアとして捉え、街なかに設置したサテライトスタジオから放送される。先日はアジア屋台横丁に収録スタジオを作り、アジアのアーティストを招いた。以前、エルメスがメンズの世界観をラジオで楽しむ、という主旨の「ラジオエルメス」を東京・原宿に展開し、若い世代を中心に連日賑わった。ONDOもラジオに距離のある人とラジオ業界を繋ぐハブとして、誰もがラジオの現場に立ち会える場として、ナイトライフの起点として、多様なニーズに応え情報を発信する。番組名は盆踊りの音頭、体温の温度、ONとDOなど複数の意味を持つ。

⑦

会見

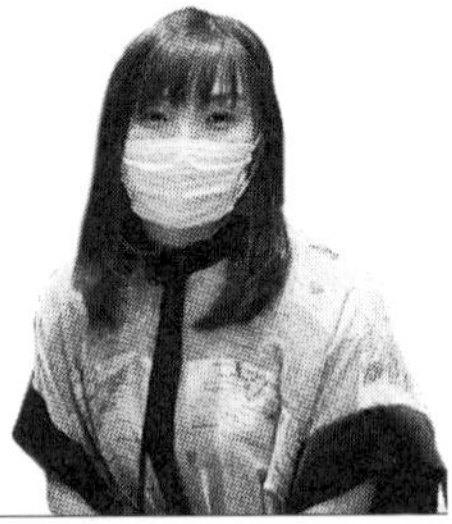

月～木 20:30 ～ 21:00 ／出演者：キャスター田村淳+日替わりゲスト／企画者：**大畠順子**

ズバリタイトルそのままに、生放送の「会見」番組。主な使い方は以下の四つ。①結婚発表した人が、自身の「声」で今の気持ちを伝える場。②新しい発表のある人はこの番組を記者会見として利用。③何か問題を起こしてしまった方の謝罪会見の場にも。切り取られない本音をメディアだけでなく、リスナーに直接届けることができる。④活動自粛をしていた人の復帰の場（はい、この番組で禊をすませて、明日から頑張ってください、と）。パーソナリティを務めるのは田村淳さん。ハッシュタグ等で寄せられた記者からの質問をキャスターと共に捌き、機転の利いた発言と巧みな進行で、発言が守られる場を作っている。フラッシュまみれにならず、自分の声を届けられると熱い注目が集まっている。

⑧

サイバーパンク

金曜 20:00 ～ 20:30 ／出演者：MOROHA UK ／企画者：**木村美穂**

「ラジオでゲームの魅力を伝えるのは難しい」そんな業界の常識を軽く飛び越え、そのまま海を越えて実現された新感覚のゲーム＆トークバラエティ。ゲームを通して日本と海外のアーティストが交流を深める異色の番組のパーソナリティは、ミュージシャンでありながらガチのゲーム好き、MOROHAギターのUK。ジングルは世界的に活躍する音楽プロデューサーでDJのZedd（ゼッド）。彼もまたゲーマーである。ゲームを共通言語に世界のアーティストがオンラインで繋がり、音楽や映像などの新しい作品が生まれる。FPSや格闘ゲームを中心にTwitchとコラボしたリアルタイムゲーム配信など、音声だけではないラジオの新しい可能性を感じさせる取り組みも脚光を浴びている。

⑨

K-POP☆パラダイス

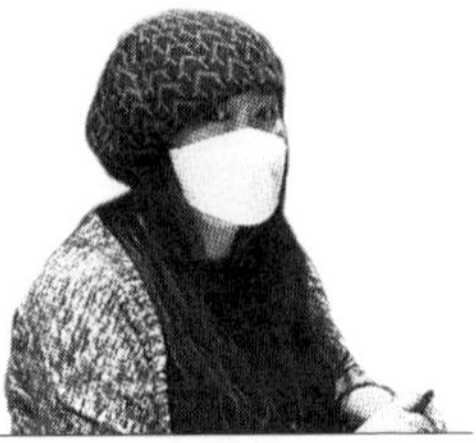

金曜 20:30 ～ 21:00 ／出演者：K-POP好き芸人／企画者：**柴田和江**

ここはK-POP好き芸人のための楽園だ。今田耕司さん、トレンディエンジェル斎藤司さん、ニューヨーク嶋佐和也さんらが週替わりでパーソナリティを務め、今夢中のアーティストについて存分に語り尽くす。芸人という、自分の好きな音楽を語る場の少ない人たちだからこそ、その爆発力と溢れる愛に、MC目当てで聴き始め、気がつけばK-POP沼にハマるリスナーが続出しているという。来日グループのゲストトークやK-POP知恵袋などバラエティ豊かなコーナーも人気。

⑩

三十路が始まる

木曜 21:30 ～ 22:00／出演者：指原莉乃、DJ松永、ゆとりっ娘たちのたわごと／企画者：**三浪瞭**

明日（金曜日）は飲みに行くから今日は仕事を片付けよう、という二〇～三〇代社会人の残業のお供として人気の番組。高級寿司店でのマナー、指輪の買い方、花束の頼み方、行きつけの店の作り方……プライベートでもビジネスシーンでも、今さら人には聞けない立ち居振る舞いを毎週ワンテーマ取り上げ、その道の専門家が指南する。三〇代パーソナリティが、番組を通して少しだけ大人になる番組でもあるという。ライフスタイルの変化や人生設計に再考を迫られるなど、悩み事が尽きないリスナーに寄り添ってくれると、精神的なサポートも番組が務めているようだ。

⑪

おぎやはぎの大人になる前に

木曜 22:00 ～ 22:30／出演者：おぎやはぎ／企画者：**神吉将也**

学生向けのご長寿番組「SCHOOL OF LOCK!」のまさにその裏で、熱さはちょっと……と閉口する若者の支持を得ているトーク番組。独特の言葉選びと空気感、安定したスローテンポでじわじわと笑いを誘い、予想のつかない着地点に連れていく魅力は多くが知るところ。それに加え、生き馬の目を抜く芸能界に長年身を置きながらも大きなリアクションをとる、誰かを落としてでも前に出る、という方法だけが自分をアピールする手段ではないと、大人になる前のリスナーに気づかせてくれる唯一無二の番組。

⑫

アドベンチャーラジオほぼブラックミラー

金曜 22:00 ～ 23:00／出演者：各局の方々／企画者：**中尾慎**

読み手の選択によりストーリー展開と結末が変わる「アドベンチャーブック」のラジオ版。最初リスナーは同じ番組の視聴から始めるが、その時々で出されるクイズの答えに合わせ、三択のAを選べば名古屋のa局、Bを選べば東京のβ局、という手順で曲がかかる間に他局の番組に飛ぶ。ゴールは正解のルートを通った人のみ辿り着くことができ、リアルタイムで来られたリスナーには賞品が用意されている。日本全国の放送局が連携し、ラジオ業界全体を巻き込んだ壮大なアドベンチャー番組として話題を呼んでいる。

⑬

GAGひろゆきのクイズ23時

月〜木 23:00 〜 23:30 ／出演者：GAGひろゆき／企画者：**矢野了平**

「パンサー向井の#ふらっと」月曜リポーター、お笑いトリオGAGのひろゆきさんが司会を務める視聴者参加型のクイズ番組。中心となるリスナー層は一〇代。生放送で電話を繋ぎ、クイズに正解したらカップラーメン三〇個、映画のチケットなどさまざまな賞品が貰える。自身も「Qさま!!」などクイズ番組での優勝経験を持つひろゆきさんならではの、兄貴的なトークは解答者の緊張が和らぐと中高生から慕われている。時にヒントを出しすぎてしまうことも。出題形式のバリエーションも多彩であっという間の三〇分。

⑭

あなたの人生ここイチバン

月〜日 23:45 〜 24:00 ／出演者：一般の人／提供：カレーハウスCoCo壱番屋／企画者：**内田寛之**

一日の終わり。帰宅途中の最寄駅、あるいは腹ごしらえに立ち寄った飲食店。そこに何でも喋れるマイクがあったなら、人はどんなことを喋り始めるのだろう。コンセプトは誰でも自由に弾ける「駅ピアノ」のラジオ版。さまざまな場所に毎夜マイクが設置される。ある日はココイチだった。トッピングも好きなだけ載せていい、だからあなたの人生を語ってください、そう告げられた男性はスプーンを置くとおもむろに語り始めた……リスナーはラジオを通して誰かの人生を想像しながら、穏やかな眠りにつく、ハートフルなラジオドキュメンタリー。

⑮

ヤシキキョウヘイ

水曜 24:30 〜 24:55 ／出演者：ニューヨーク 屋敷裕政、Creepy Nuts R-指定／企画者：**髙橋亘**

カルチャーへの感度が高く、それを言葉にする能力に長けた二人の初タッグ。映画、音楽、舞台、本にアート、お互いが実際に観たり聴いたりした作品を取り上げ、それについて話す……だけのはずなのに、これが実に魅力的。

自らを表現するだけでなく、インタビュー力も高い屋敷さんと、芸術全般へ造詣の深いR-指定さんとの上質なセッションに「聴いて心拍数が上がる」「週の半ばの贅沢なリセット」「大人な番組、こんなのが聴きたかった」などとSNSにはリスナーの熱い感想が集まっている。番組名は二人の本名から付けられた。

⑯ 新しい波

月〜金 24:55 〜 25:00 ／出演者：藤井隆／企画者：**長曽沙也子**

ハワイ語で波は「Nalu（ナル）」と言い、幸せを運ぶ成功の予兆として捉えられている。そんなハワイ各地で見られる特徴的な波をリスナーに届けるのは、芸人、歌手、音楽プロデューサーとマルチに活躍する藤井隆さん。聞けば藤井さんはこの仕事のために別荘を購入。ダイヤモンドヘッドの裾野の斜面に建ち、目の前がレアヒビーチパークという極上のロケーションだとか。

海と風が生み出す変幻自在な波の様子、その音は聴く者の一日の疲れを癒し、安らかな眠りに誘ってくれると高い評価を得ている。

⑰ 生音会《なまおとかい》

金曜 25:00 〜 26:00 ／出演者：週替わり／企画者：**舟崎彩乃**

金曜深夜、新感覚のライブ音楽番組がスタートした。コロナ禍を経て、生で音楽を聴く楽しさ、尊さは多くの人が実感したところだが、「生音会」ではラジオでそれを届けてくれる。番組は今ホットなアーティストを週替わりで迎え、前半はリクエストに応えた生ライブ、後半はトークという構成。音楽好きのディレクターが生音、生放送にこだわったという通り、スタジオでの演奏の臨場感は、至福のひと時をリスナーに与えてくれる。前回のパーソナリティはシンガーソングライターSIRUPさん。自身のルーツであるネオソウルやR&Bに、ゴスペルとHIPHOPを融合した独創的な音楽を披露し、週末深夜の時間を豊かに彩ってくれた。

⑱ 辻スペシャルワールド

金曜 26:00 〜 27:00 ／出演者：バナナマン、有吉弘行、向井慧…etc. ／企画者：**辻慎也**

誰が出てくるか、何が起こるかわからない。バナナマンさんのラジオコントがあるかと思えば、有吉弘行さんがアカペラで熱唱、向井慧さんの謎のギャグ。それらを絶妙な選曲が繋ぐ。笑いと音楽が融合したゲリラ的な様は、ラジオDJユニット桑原茂一氏と小林克也氏による一九七〇年代の人気番組「スネークマンショー」を彷彿させる。傍らで流れるラジオにいつしか引き込まれ、虜になる。サブスクで好きな音楽が聴け、ラジオもタイムフリー聴取が普及する時代だが、その濃密な六〇分だけは金曜深夜、リアルタイムで聴きたい。ディレクター自身の手によるジングルも必聴。

⑲ 女子大生の寝落ちラジオ

月～木 27:00～29:00／出演者：女子大生／企画者：**加藤慶**

今週は、寝落ちしてしまうのだろうか……。先月の放送では寝言で謎の発言を繰り返していたけれど……。そんな緊張感と自宅収録のユルさとが相俟った、絶妙なバランスが静かな人気を呼んでいる。

パーソナリティの女子大生は自宅のベッドでその日の出来事、最近の人間関係といったよしなしごとを話すが、寝そべってダラダラ話すうちに寝落ちしてしまうことも少なくない。その時はスタジオに切り替わり、スタッフが事前に用意した音楽が流れる仕組み。ただし寝言やイビキが聞こえることもあり、あまりのナチュラルさについ今日も聴いてしまうのだ。

⑳ マイク置いときます。

金曜 27:00～28:00／出演者：一般の方／企画者：**西畑風雅**

カフェや居酒屋で隣合わせた人の話の面白さに、つい耳をそば立ててしまう経験は誰にでもある。この番組は完全に盗み聞きに振り切って、飲食店のテーブルに据えられたマイクを通し、たまたま訪れた客同士の会話を放送する。毎週続けて聴いていくと、何だか出演した素人さんたちがどこか繋がっているような錯覚を抱くことがある。実はこの番組、フェイクドキュメンタリーで秋元康さんが脚本を手がけているという噂。真偽は定かでないけれど、そもそも人の会話はすでにフェイクが潜んでいる。伏線回収の糸を辿るもよし、もちろん上質のリアルなドキュメンタリーとしても十分に楽しめる。

㉑ なぎら健壱ワイド

土曜 8:30～11:30／出演者：なぎら健壱／企画者：**御船陽平**

自らを「語り部」と称する軽妙洒脱で飄々とした語り口、古稀を過ぎてなお多彩な活動を続けるフォークシンガーが、日本の土曜の朝に笑いと元気を吹き込む。全国各地を結んだ中継あり、ゲストトークあり、人生相談ありの、ザ・ワイド番組。話題の映画や音楽、本といったカルチャー情報も押さえ、何となく流し聴いていれば、この一週間と週末の街が見えてくる。とぼけ上手で予定通りに進まない（それが楽しい）なぎらさんの脇を固めるのは、局のアナウンサー陣。軌道修正しつつの緩急あるやり取りも楽しく、肩肘張らずに聴けると幅広い層のファンを獲得している。

㉒ Lunch Time Eating

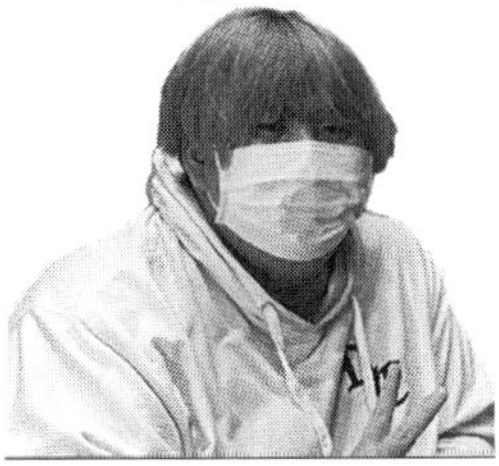

土曜 11:20 ～ 11:30／出演者：タモリ／提供：KIRIN／企画者：**小林洋平**

「なぎら健壱ワイド」の箱番組で、一つの料理が完成するまでの音をひたすら聴かせる奇抜さ、そのうちじわじわ染み渡るような音の世界がリスナーの胃袋を摑む。

　冒頭「渋谷の○○中華料理店にやって来ました。本日はチンヂャオロースです」といったナレーション以降は、厨房でひたすら包丁で切る音、カンカンカンと中華鍋で食材を炒める規則的な音のみが響く。最後にスタジオでパーソナリティが同じ料理を口にし、ビールを飲んで「うまい」とひと言で締められる。釜で白米が炊ける音や揚げ物が揚がるまでの音の変化など、すぐ隣で誰かが料理をしている感覚が味わえ、癒しのひとときだと幅広い層を味方につけている。

㉓ カレンのおもてなし

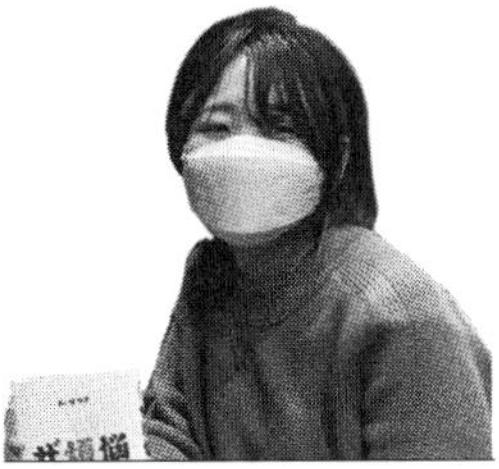

土曜 13:00 ～ 13:30／出演者：滝沢カレン／企画者：**竹原知里**

　ラジオから聞こえる料理の音は、なぜあんなに食欲を誘うのだろう。レシピ本の出版経験もあるカレンさんがパーソナリティを務めるこの番組もその一つだ。得意料理のハンバーグやカレーうどん、とんかつからオリジナルレシピまで、さまざまな手料理でゲストをもてなす料理トークバラエティだが、独自すぎる言葉選びと自由度の高さで従来の料理番組とは大きく一線を画す。独創的で唯一無二、そして何より美味しいカレンさんの手料理を前に二人のトークは弾み、名言（迷言）も続発。「カレンさんの話術がクセになる」「自分も誰かをもてなしたい」と毎回評判を呼んでいる。ちなみに番組名はパーソナリティの裏表のなさにも掛けられているとか。

㉔ 竹原慎二の右ストレート

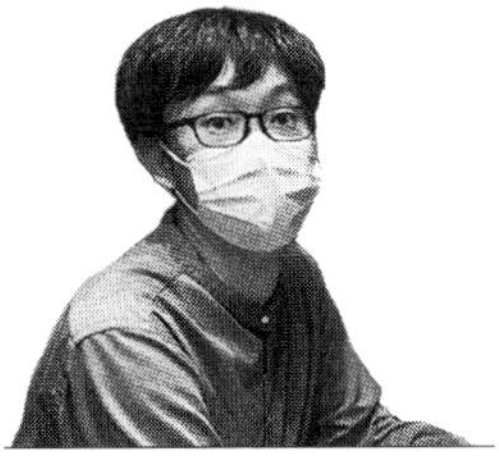

土曜 13:30 ～ 14:00／出演者：竹原慎二／提供：（株）メディアワークス・ブルーム／企画者：**通谷研志**

　ガチンコでリスナーに向き合う姿勢が眩しい、元WBA世界ミドル級チャンピオンの冠番組。嘘のなさが求められる今の時代において、その安定した素のスタイルは多くのリスナーを獲得している。人気コーナーの「ガチンコ相談道」では人間としての優しさが滲み出る助言に涙する人が続出。スポンサーは竹原氏監修のサウナスーツ「シェイプスーツ サーモゲティア」の製造元だとか。放送回数は「第5ラウンド」「第10ラウンド」と「ラウンド」で呼ばれ、故郷の広島弁のあいさつ「じゃあの。」が毎回締めに用いられるなど独自のルールも楽しい。かつて広島の〝粗大ごみ〟とも呼ばれた彼が、リスナーから寄せられた投稿を「粗大ごみ」「燃えるごみ」「燃えないごみ」「びん・かん」などに仕分けるコーナーも見逃せない。

㉕

サロン・ド・成田凌

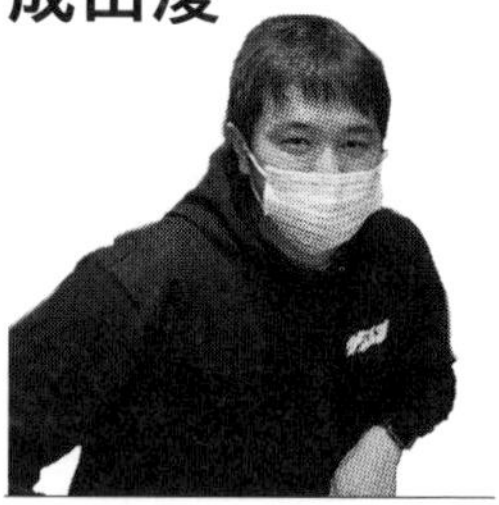

土曜 17:15～17:30／出演者：成田凌／提供：シャンプーメーカー／企画者：**福田展大**

美容師と客の距離感というものは独特で、なぜかプライベートを口にしてしまう。このサロンもその一つ。店主はドラマでは美容師役を務め、実際にも美容師免許を持つ俳優の成田凌さん。芸人やタレント、旬のゲストを迎え「ヘアスタイル」をきっかけにトークが始まる。「中学時代は坊主！　野球部だったもので…」「イメチェンが裏目に出て、つけられたあだ名が…」「憧れてた子の好きな俳優の髪型をマネてみたのだが…」…トガってた、けど輝いてたあの頃、今思えばダサすぎて笑える、青春時代やブレイク前の日々、人となりを紐解いていく。先日行われた初の番組イベントには、「攻めた髪型」というドレスコードで全国からリスナーが集まった。今後は「金髪限定イベント」なども予定しているようだ。

㉖

芸人養成学校甲子園

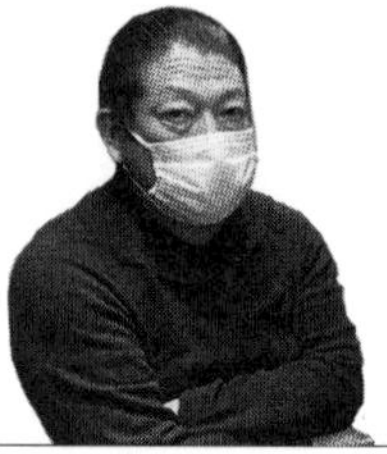

土曜 17:30～18:00／出演者：向井慧／企画者：**高橋洋二**

第七世代が脚光を浴びて若い世代に門戸が開かれた感があるが、この番組の主人公はさらに若い、いわば芸人の卵たち。NSC（吉本総合芸能学院）、タイタンの学校、松竹芸能養成所など、現役で養成所に通う学生同士が対戦し、勝ち抜き形式で次週に進む。「太田プロは芸人を作る、ワタナベは人気者を作る」と言われるように、彼らの持つ芸人マインド、お里の違い感も大きな見どころかもしれない。数年後のスターを今から見られる貴重な場として、多くのお笑いファンを魅了している。

㉗

Super Radio 野球中継

土曜 18:00～19:00／出演者：煙山光紀／企画者：**鈴木一男**

一見すると、草野球中継。しかしよくよく見ると、このゲームには独自ルールがあるのがわかる。ある日の試合は、「オールナイトニッポン」VS「JUNK」。打者がバッターボックスに入ると、おもむろにネタを始める。そこに審判の判定「5球」。5ストライクで1アウトということらしい。打者ごとにネタの披露、球数の獲得、投球で1セット。つまるところお笑い＋野球のハイブリッド競技の中継番組なのだ。実況は「ニッポン放送ショウアップナイター」等で巧みな表現力、話術が冴える煙山光紀さん。勝者の番組には聴取率が上乗せされるとまことしやかに囁かれているが、真偽のほどは定かでない。

㉘ ジャズ喫茶タモリ

土曜 24:00 ～ 25:00 ／出演者：タモリ／企画者：**弘島憲**

トランペットを嗜みマイルス・デイビスとの対談経験もあるタモリさんによる、硬派なジャズ番組。選曲や奏者の紹介後は、ジャズがひたすら流れる。日本独自のジャズ喫茶文化が近年再び脚光を浴びたことから、リスナーの半分は二〇～三〇代。ちなみに冒頭の収録は岩手一関のベイシー、東京高田馬場のマイルストーン等全国の老舗ジャズ喫茶でされている。ワンクールに一度は特番仕様。稲垣吾郎、松重豊、竹中直人、村上春樹、山下洋輔、黒田卓也等々ジャズ好きな芸能人や音楽家が客として訪れる。但しゲストトークはほとんどなく、冒頭で少しのやり取りがあるのみ。後はリクエストにタモリさんが応じるスタイル。あくまでも客とマスターの関係でその人の選曲をたっぷり味わえる構成だ。

㉙ A line

土曜 25:30 ～ 26:00 ／出演者：複数／企画者：**秦進太郎**

名古屋出身の亜咲花さん、ASCA（大倉明日香）さん、『妖怪ウォッチ』にも出ている戸松遥さんら、愛知出身で地元愛の強いアニソンシンガー、声優によるリレー形式の地元に特化した情報番組。普段ほとんど聴く機会のない素の話し方や声が聴けるだけでなく、彼／彼女らによる地域に根ざしたローカル情報は、生活拠点を県外に移した人たちの郷愁を誘っているという。地域文化の醸成にもひと役買い、エリアフリーでも安定した需要がある。CBCラジオでこの番組をきっかけにライブも行われた。ちなみに番組名は愛知のAとアニメのAから付けられたとか。

㉚ 戸波さんごめんなさい（仮）

土曜 26:00 ～ 26:30 ／出演者：齋藤飛鳥、綾野剛ほか／企画者：**宇野智史**

「くりぃむしちゅーのオールナイトニッポン」を愛聴していた元乃木坂46の齋藤飛鳥さん、「広末涼子のがんばらナイト」のリスナー綾野剛さん、「#むかいの喋り方」ファンの黒木華さん等、ラジオのパーソナリティとそのリスナー著名人を毎週スタジオに招いてトークが展開される。「この人が聴いてたの？」という意外性もさることながら、人と人を掛け合わせることで、一歩深く、ラジオの魅力、人の魅力を知ることができる。同じ芸能界に身を置きながら、パーソナリティとリスナーの距離をもつ両者ならではのリスペクト感も聴きどころ。番組名は戸波英剛Dが「面白くないな」と言いそうな所から付けられた。

㉛

レインボー・ジャンボたかおと令和ロマン・高比良くるまのラジオ

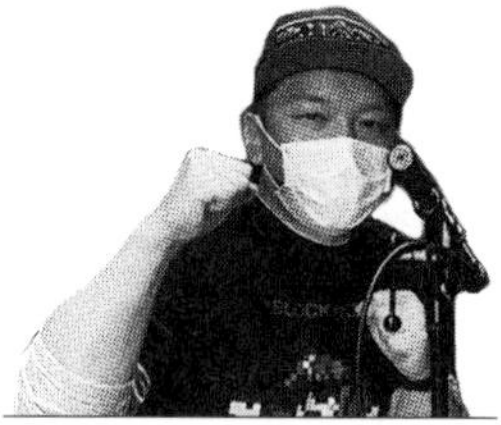

土曜 26:30 ～ 27:00 ／出演者：ジャンボたかお、高比良くるま／企画者：**奥田泰**

本業のコントに加え私小説の執筆から料理、歌まで多才に活躍するジャンボたかおさんと、NSC東京校二三期の首席、お笑いオタクで分析力、言語化能力に長けた高比良くるまさんがタッグを組んだ新番組。普段は別々のコンビで活動する二人だが、その化学変化は予測がつかないとSNSでも話題に。回を重ねるごとに進化する興味深いやり取りは聴きごたえたっぷりだ。ぜひ今後も注目したい。

㉜

真夜中のピクニックラジオ

土曜 27:00 ～ 29:00 ／出演者：芸人さん／企画者：**寺坂直毅**

毎週土曜の深夜、毎回異なる約一〇キロのコースをパーソナリティがひたすら歩きながら喋り続ける。海沿いを、寝静まった住宅地を、環八を、軽やかに、意気揚々と歩くなかで頭は冴え、普段のスタジオブース内とは異なるトークが楽しみだと宵っ張りのリスナーを虜にしている。笑福亭鶴瓶さんの「ラジオ・チャリティ・ミュージックソン」（ニッポン放送）に着想を得て生まれたという。自室でラジオを聴くリスナーの耳にも夜明け前の雑踏の音、四季折々の虫の音が届き、同じ時間帯を過ごしている実感があると静かな感動が寄せられている。

㉝

ラジオを聴かない人に聴かせるために聴いてる人間が色々考えるラジオ好きのラジオを聴かせたい番組

日曜 7:00 ～ 12:00 ／出演者：向井慧+各局の方々／企画者：**高杉太郎**

Wi-fiは目に見えないけれど、デバイスに表示されれば皆ほとんど無意識に接続し、利用する。同じように、公共交通機関に設置された穴にイヤホンを挿せばラジコが聴ける。そんな風に街の人たちに、否が応でもラジオを聴かせてはどうだろう……。

radikoを聴かない人に聴いてもらうことを、製作陣が考えに考える番組が始まった。「振り向かない相手にアプローチをし続けるなんて、コストの無駄」そんな声の真逆を突き進む。何事も、存在を知ることで関係は始まる。生粋のラジオ好きはもちろん、たまたま出会ったラジオビギナーにもとことんやさしい。そこに周波数を合わせれば、誰かが語りかけてくる。

㉞ ハライチ岩井 相談のターン

日曜 12:00 ～ 13:00 ／出演者：ハライチ 岩井勇気、宇賀神メグ／企画者：**宮嵜守史**

「ハライチ岩井 ダイナミックなターン」の名コンビが帰ってきた！ しかも他局の人気番組「安住紳一郎の日曜天国」「爆笑問題の日曜サンデー」〔すべてTBSラジオ〕の狭間時間、すでに多くのリスナーの関心を集めている。

番組コンセプトは「相談」。かつては〝腐り芸人〟、毒舌キャラとして注目された岩井さんだが、今では群れない生き方、こびない物言い、ブレない価値観に多くの支持が集まっている。出版したエッセイも好調だ。人生における正解のない悩みを前に、息の合った二人の掛け合いから何が生まれるのだろう。ちなみに番組プロデューサーはコンビの生みの親だとか。ますます楽しみだ。

㉟ 長瀬とバイク

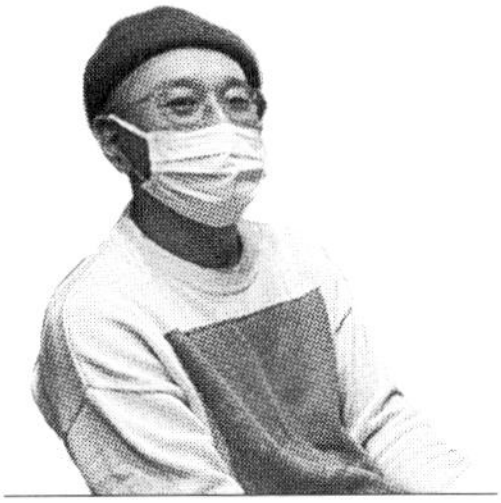

日曜 13:00 ～ 13:30 ／出演者：長瀬智也／企画者：**小野口篤**

圧倒的な演技力と存在感はもとより、そのライフスタイルに憧れる同性ファンも多い長瀬智也さん。最近では釣りやギターを弾く姿をSNSに投稿し話題になっているが、このたび、ストイックで骨太なラジオ番組が始まった。テーマはバイク。風を体に受けて走る様子を聴かせたり、野外にマイクを立て、リラックスした雰囲気の中で、歴代の愛車と思い出のエピソード、オフの過ごし方や最近ハマっているものなどを時にワイルドに、どこまでも自由に語る。音だけで他の五感を補ってあまりある、他では味わえないバイクトークは必聴。

㊱ スーパーリッチ

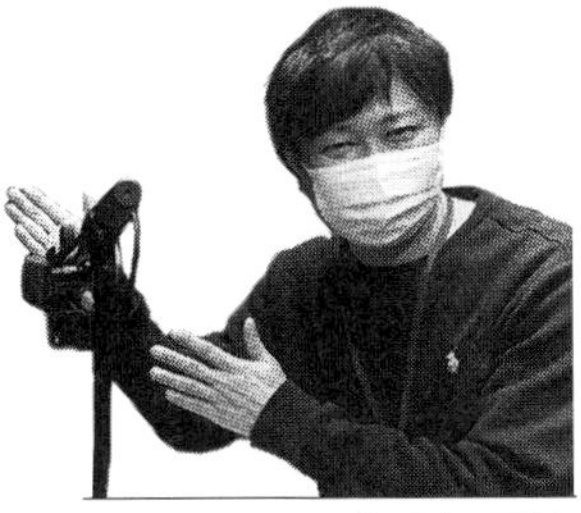

日曜 14:00 ～ 16:00 ／出演者：週替わり／企画者：**中島正史**

「ギャンブルは、絶対に使っちゃいけない金に手をつけてからが本当の勝負だ」。芥川賞を創設した文豪菊池寛の言葉は今もギャンブラーの心の燈に油を注ぐ。賭け事によって富を得たい。そんな儚くも純粋な夢が冠されたギャンブル専門番組が話題だ。

パーソナリティは週替わりでアイドルが務めており、勝負事に熱くなりすぎないスタンスが初心者にもやさしいと、ギャンブル経験のない若いリスナーにも人気だという。日曜昼下がり、勝馬投票権を手にしてパチンコ店に入り、馬が走っている姿を見ながら中継をするのが定番コース。競輪、競艇、オートレースなど新たな扉を開くきっかけにもなっているとか。

㊲ Wow! SONG

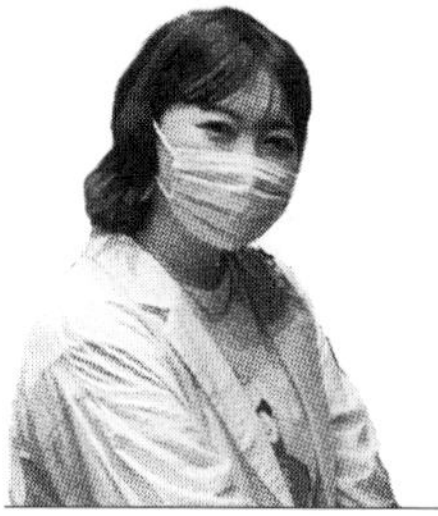

日曜 22:00 ～ 22:30 ／出演者：菊池風磨+ジャニーズの方々／企画者：**中村祐子**

ジャニーズ事務所の全面協力により実現した音楽トークバラエティ。ラジオ好きで知られる菊池風磨さんがメインパーソナリティを務め、昭和歌謡や懐かしのヒット曲などを取り上げる。毎回のテーマに合ったジャニーズメンバーがゲストに招かれ、ともに歌詞の奥深さを味わい、時代背景に思いが馳せられる。実はこの番組にはドレスコードがあり、ディレクターの発案で出演者の衣装は全て和装。収録時のオフショットがファンの間で密かな楽しみとなっているという。ちなみに番組名は「Wow」と「和」の掛け合わせから。

㊳ 私は誰？

日曜 23:00 ～ 23:30 ／出演者：交代制／企画者：**おおくまみなみ**

日曜深夜にラジオから流れる誰かの優しい声。あるいは楽しげな語りに、ついつい引き込まれてしまう。でもいったいあなたは、誰？

先入観を取り払いやすい、というラジオの特長を活かしたトーク番組が始まった。パーソナリティは誰だか明かされず、最近ハマっている事、仕事の話、今後の目標。それらフリートークを重ねた最後に「私は誰でしょう?」。ようやく正解が明かされる。アイドルグループの一人、名バイプレイヤーなど、名は知られつつも注目する機会のなかった人達と出会い直せる場でもある。予想しながらその人を知り深める道のりも楽しい。答えを知って聴き直すリスナーも多いとか。

㊴ 演劇な時間

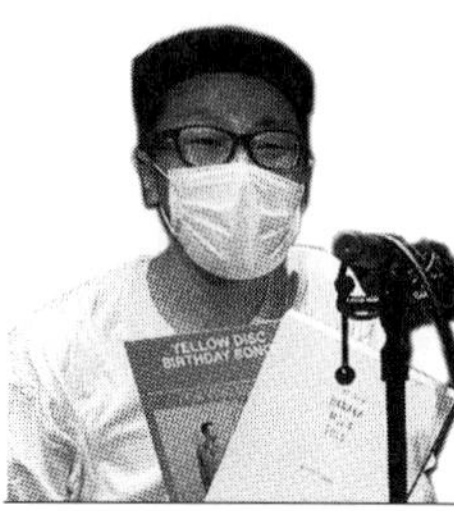

日曜 24:00 ～ 25:00 ／出演者：日替わり／企画者：**中村雅史**

コロナ禍によるオンライン配信の普及により「その場に居て、観る」ことがどこでも可能になった。この番組では劇作家、コント作家、俳優、演劇好きの著名人をゲストに迎え、今気になる作品や演じた作品についての話を深掘りして聞いていく。これまで登場したのはシベリア少女鉄道の土屋亮一さん、東葛スポーツの金山寿甲さん、オークラさん、ダウ90000蓮見翔さん、ナカゴー鎌田順也さん、星野源さんからシルク・ドゥ・ソレイユまで、縦横無尽の幅広さ。話題の劇団がなぜすごいのか、観るべき作家や演出家の言葉をたっぷり紹介し、演劇ファンならずとも引き込まれ、カルチャーの最先端に触れられる大充実の六〇分。

㊵ 失恋プレイバック

日曜 25:00 ~ 25:30 ／出演者：今泉力哉／企画者：**戸波英剛**

毎回さまざまな著名人が人生の分岐点となった場所を訪ね、自身の失恋エピソードを披露する。付き添い人は『街の上で』等で知られる映画監督の今泉力哉さん。日曜の深夜という、翌日から会社だ、学校だ、という最も絶望を抱く時間帯に、実際に絶望の淵に立った体験がラジオから流れることは一つの救いとも言える。時に失恋は人を悪あがきさせ、考えるきっかけを与え、時を経て前を向く清々しさも教えてくれる。歓迎はしないが、そこから学ぶことは多い。一九八〇年代に一世を風靡した若者向けトーク番組「YOU」〔NHK教育〕の面影も感じさせる。

㊶ 向井と岩井

日曜 25:30 ~ 27:00 ／出演者：向井慧、岩井勇気／企画者：**石井玄**

鶴瓶さん×タモリさん、さんまさん×紳助さん、今田耕司さん×東野幸治さん……いつの時代もコンビじゃないけど相性の良い芸人、という組み合わせは多くの視聴者の興味を誘ってきた。そして時代はめぐり、ロケバスの席で隣合わせたことを機に意気投合、プライベートでも親しい二人がついに共演を果たす。

　クールな印象とは対照的に、向井さんへの愛が溢れる岩井さん。一緒に食事に行く時は、岩井さんへ毎回必ず問いを一つ持ってくるという向井さん。令和のラジオ王（フェアリー）と文士という鎧を脱いで、気の合う二人が生放送で繰り広げる、ここでしか聴けないトークが熱い注目を集めている。

㊷ あじ。

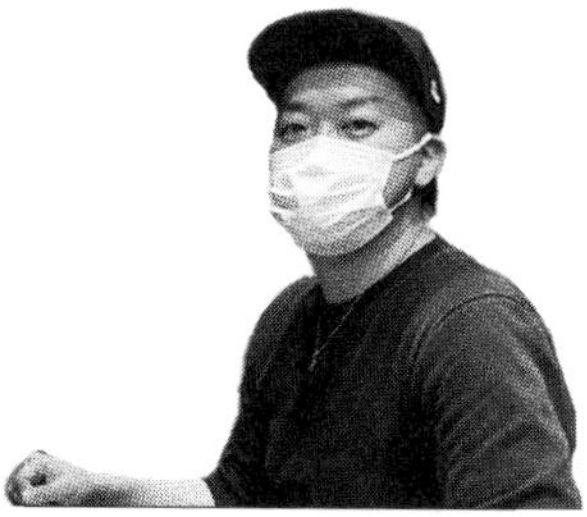

日曜 27:00 ~ 27:30 ／出演者：構成作家／提供：ブルボン／企画者：**ふかわげんき**

トークのオチに繋がるメールはどうやって選ぶ？　同じ系統のメールを二通続けて読むのか、内容の濃い一枚に絞るのか？　収録音源の切り方とまとめ方は？……作家やディレクターによって異なる番組の仕上がり感。それは「味」とも言える。元ハガキ職人の構成作家がラジオ好きの疑問に応え、ふだん知ることのない裏方の「味の違い」に焦点を当てた番組がスタート。昨今のラジオブームを追い風に話題を集めている。手の内を評価されることを恐れてなかなかゲストが集まらないのが目下、制作側の悩みだという。

「味ごのみ」のブルボンが提供についているのも心憎い。

43

オトジメ

日曜 27:30 ～ 27:45／企画者：**坂下冬樹**

人気の就職先、偏差値、好感度タレント調査……日本人は世界でもランキング好きな傾向にあるというが、このたびユニークな音楽ランキング番組が始まった。

「映画サントラベスト5」「松田聖子さんでベスト5」など事前にリスナーにお題を募り、毎週異なるマニアックなランキングの上位五曲をノンストップで流す。最後は「Good Night」でその週の放送が終わる。テーマは新旧洋邦問わず、旬のアーティストや流行りの音楽とは一線を画し、新たな一曲に出会えると、純粋な音楽ファンの好奇心を誘っている。

Essay

向井さん、
私はもっとこの業界に
しがみついてみようと思います。

塩見昌矢
（「向井と裏方」構成作家）

（しおみ・まさや）
１９９０年生まれ、埼玉県出身。２０１０年法政大学在学中、構成作家の道へ。大学卒業後、作家事務所CAMEYO所属。「地方創生プログラム ONE-J」〔ＴＢＳラジオ〕、「AuDee CONNECT（ダウ９００００蓮見翔）」〔ＪＦＮ〕、「きつねのこんこんらじお」「三浦翔平 It's 翔 time」「ちょいさき」〔以上、NACK5〕、「日テレアナ・ザ・ワールド」〔ラジオ日本〕、「大矢・高見のしゃべりスタ！」〔Podcast〕、「ラジオｉＮＥＷＳ」〔ラジオNIKKEI〕「乃木と霜降りのダンスバトルズ」「潜在能力テスト」〔以上、フジテレビ〕、「オールスター感謝祭」「オールスター後夜祭」〔以上、ＴＢＳテレビ〕などを担当。

仕事の愚痴はおろか、ドラマの感想など日々の暮らしで感じたことを大勢の前で発信するのが苦手だ。だって嫌われたくないから。偉そうな奴だと思われるかもしれないし、的はずれな意見でセンスを疑われるのも怖い。だからＳＮＳではなるだけ感情を押し殺し、番組の宣伝や美味しかったご飯をひたすら投稿するｂｏｔと化してきた。でも今回「向井と裏方」の舞台裏を綴ってほしいとお願いされた。そう、これである。光栄ではあるが正直、不安しかない。出演してくれた裏方の皆さんもこんな気持ちだったのか……。でも断るのもなんかダサい。断ったら断ったで「お前は語らないのかよ！」と言われるような気もした。もう八方塞がりだ。なので筆を執ることに決めました。ほんと面倒くさい性格であるが、ラジオ好きにはそんな人が多い気がする。

言い訳はさておき「向井と裏方」は、ディレクターの植木海斗くんと一緒に立ち上げた番組である。彼との出会いは二〇一六年。とある番組スタッフに誘われた飲み会だった。そこにはさまざまな番組の若手が集まっていたけれど、彼はまだ専門学生。初対面にも拘らず一緒に相席屋へ行ったことを覚えている。しかも飲み会を抜け出してだ。めちゃくちゃ痛い先輩だし、ついてくる彼も彼だ。ただ、これがきっかけで一気に仲良くなった。

二人で飲むと「ラジオの話」をよくする。と言っても、仕事の話ではない。ただただ最近聴いたラジオ番組について話すだけだ。例えば「このあいだの「〔爆笑問題〕カーボーイ」の掛け合いが最高だった！」とか「あの放送の舞台裏ってどうなっていたんだろうね」といった具合に。まさに向井さんが私たちの第一印象で感じた「ラジオ変態」そのものである。でも、こんな会話が「向井と裏方」の企画の原点である。

月日は流れ二〇二〇年、植木くんが「ディレクターデビューをしたい」というので、一緒に企画を考えることにした。いくつか持ち寄ったアイデアの中にあったのが「向井と裏方」である。その当時、私は番組作りをする上で悩みがあった。それは、どうしたら番組をたくさんの人に知ってもらえるか、ということだった。いくら面白い番組を作っても知られてないんですよ！　こんな悲しいことありますか？　放送局のパワーがないとダメなのか。タレントの知名度に頼るしかないのか。いま各番組、知ってもらう努力が重要になっている。だったら、リスナーが新しい番組と出会うきっかけになれる番組があれば良いのでは？　という想いから「向井と裏方」を考えた。

ここで重要なのがパーソナリティ。ニッチなテーマなのでラジオに理解があって、愛がある人がマストであった。そこで浮かんだのが向井さん。余談だが、向井さんの吉本の公式プロフィールを覗いてみてほしい。趣味の欄に「ラジオ変態」と書いてある。しかも散歩、カラオケを抜いて一つ目にだ。真の「ラジオ変態」である。芸能人の公式プロフィールはあてにすると痛い目に合うのだが「音楽鑑賞」とは違って「ラジオを聴く」は余程じゃないと書かないので信頼できた。

こうして二〇二一年一月「向井と裏方」が始まった。向井さんにとって四本目のレギュラーラジオである。向井さんは本番前に必ずすることがある。それはカバンの中から黒い手帳を取り出すこと。巷では許せない話が書かれた「暗黒ノート」とも呼ばれているが、ゲストの裏方さんへの質問が書いてあるのだ。多忙なスケジュールにも拘らず、そういった下調べを欠かさないのが向井さんの凄いところだ。本番はその質問をぶつけるので台本通りにならないことのほうが多い。私はそれで良いと思っている。台本なんて万が一、困ったときに戻れる助け舟みたいなものでいい。だから、この番組で心がけたことといえば、収録中にあえて指示を出さないことかもしれない。作家はパーソナリティの隣に座って赤いペンで指示を出すことがあるのだが、この番組ではほとんどしなかった。パーソナリティである向井さんがいま、聞きたいことを聞くことが魅力なんだと思う。その質問の中には、向井さんがいま考えていることがちらっと垣間見えることがある。通な楽しみ方ではあるが、そこに注目しながら聴いてみるのも面白いかもしれない。

その後、向井さんはＴＢＳラジオの朝の顔となり、この番組も順風満帆に進んでいるように思えた。そんな矢先の二〇二二年一一月、事件が起こる。ディレクター植木くんの業界引退。突然のことであった。植木くんと生放送の仕事があり、車での帰り道、突然「来週って時間あったりしますか？　飲みとかどうですか？」と言われた。以前のように飲むことはほとんどなくなっていたので意外だった。「なんか話でもあるの？」と聞くと、明らかにはぐらかされた。なんだか気持ち悪かったので「彼女と結婚でしょ！」とか「もしかして辞めちゃうの？」と冗談めかして聞いてしまった。「いや、そうじゃないです」と否定されたが、翌日、飲みに行ってそれが的中していたことを知る。

「ラジオ業界を辞めることにしました」

そう告げられ、冗談じゃなさすぎたので大笑いしてしまった。辞めるに至った理由の一つに「向井と裏方」の存在が大きかったという。裏方の皆さんの話を聞いていると、いまの未熟な自分と比較してしまうこと。そして将来のビジョンが見えないというのだ。こんな皮肉なことってありますか!?　ラジオが好きで一緒に始めたんですよ……でも不思議だったのが、私自身、すんなり受け入れてしまったこと。自分の性格上、絶対に止めると思うのだが、なぜでしょうか。後輩以上に、友達だったからかもしれない。涙ながらに伝えられた「悔しいです」という一言は今でも鮮明に覚えている。すぐに今後についても話し合った。植木くんにゲスト出演を打診したのもその時だった。賛否あるかもしれないが植木ディレクターという存在を残すべきだと思った。それに私たちには向井さんがいる。こうして配信されたのが、前代未聞の引退報告回である。とても感慨深い回となった。

この番組には、ラジオ業界を志望する若きリスナーからのメールも多く寄せられていた。あの回を聴いてどう思ったのだろうか。怖気づいたのではないか。でも、私はもっとこの業界にしがみついていきたいと思った。別に「植木くんの意思を！」みたいな少年漫画みたいなやつじゃないですよ。正直、裏方の皆さんと会うまでは才能にあふれた住む世界が違う「特別な人たち」だと思っていました。もちろん圧倒的な天才もいます。でもみなそれなりに悩みがあって戦っている。しかもマイクを向けられた瞬間、震えだす人、弱音を吐く人、しまいには「なんで呼んだんだ！」とぼやく人、普通の人ばかりだった。なんだ、自分と一緒かもしれない。もっと自分もやれるんじゃないの？　と思ってしまったのが正直な感想だった。「好き」は最大の武器であると思う。もしラジオが好きだったら、この世界に飛び込んでほしいです。その暁には声をかけて下さい。一緒に相席屋に行きましょう。

なんだか舞台裏のつもりが、植木くんとの思い出が大半になってしまいました。最後に私が知っている向井さんの魅力をもう一つ。それは裏方の皆さん、みんな収録後に「楽しかった！」と言って帰っていくこと。あれだけ緊張していた人たちがですよ。それって凄くないですか？　もしこの番組が復活することがあれば、いまならゲストとして出演してみたい。向井さん、私にはどんな質問をぶつけてくれますか？　そんな日が来るのを夢見て、今日も次の締切と戦っています。

「向井と裏方」放送回リスト

#	放送日	裏方さん（敬称略）		裏方さんの仕事／所属
1	2021.1.29	藤井青銅	1週目	放送作家
2	2021.2.5	藤井青銅	2週目	放送作家
3	2021.2.12	福田展大	前編	ディレクター
4	2021.2.19	福田展大	後編	ディレクター
5	2021.2.26	加藤 慶	前編	文化放送 編成部（現・デジタルソリューソン部）
6	2021.3.5	加藤 慶	後編	文化放送 編成部（現・デジタルソリューソン部）
7	2021.3.12	東海林 靖	前編	ディレクター／ spice jam
8	2021.3.19	東海林 靖	後編	ディレクター／ spice jam
9	2021.3.26	石川昭人	前編	構成作家／株式会社φ
10	2021.4.2	石川昭人	後編	構成作家／株式会社φ
11	2021.4.9	舟崎彩乃	前編	ディレクター／株式会社ミックスゾーン
12	2021.4.16	舟崎彩乃	後編	ディレクター／株式会社ミックスゾーン
13	2021.4.23	高橋洋二	前編	構成作家
14	2021.4.30	高橋洋二	後編	構成作家
15	2021.5.7	ふかわげんき	前編	構成作家
16	2021.5.14	ふかわげんき	後編	構成作家
17	2021.5.21	戸波英剛	前編	ディレクター／ TBSグロウディア
18	2021.5.28	戸波英剛	後編	ディレクター／ TBSグロウディア
19	2021.6.4	宇野智史	前編	構成作家
20	2021.6.11	宇野智史	後編	構成作家
21	2021.6.18	中村祐子	前編	ディレクター
22	2021.6.25	中村祐子	後編	ディレクター
23	2021.7.2	三浪 瞭	前編	ディレクター／ ABCラジオ
24	2021.7.9	三浪 瞭	後編	ディレクター／ ABCラジオ
25	2021.7.16	木村美穂	前編	ディレクター
26	2021.7.23	木村美穂	後編	ディレクター
27	2021.7.30	藤井青銅／石川昭人	SP	放送作家／構成作家
＊	2021.7.31	アルコ&ピース	SP	芸人
28	2021.8.6	寺坂直毅	前編	放送作家
29	2021.8.13	寺坂直毅	後編	放送作家
30	2021.8.20	石井 玄	前編	ニッポン放送 エンターテインメント開発部
31	2021.8.27	石井 玄	後編	ニッポン放送 エンターテインメント開発部
32	2021.9.3	長沼けい子	前編	構成作家／（株）SAMURAI WORKS
33	2021.9.10	長沼けい子	後編	構成作家／（株）SAMURAI WORKS
34	2021.9.17	内田寛之	前編	TBSラジオ UXビジネス局
35	2021.9.24	内田寛之	後編	TBSラジオ UXビジネス局
36	2021.10.1	大畠順子	前編	TOKYO FM 編成部
37	2021.10.8	大畠順子	後編	TOKYO FM 編成部

＊のアルコ&ピースさんは地上波の特別番組に表方として出演されています。
( ) 内は現在の所属先を記しています。

#	放送日	裏方さん（敬称略）		裏方さんの仕事／所属
38	2021.10.15	中尾 慎	前編	プロデューサー／静岡放送
39	2021.10.22	中尾 慎	後編	プロデューサー／静岡放送
40	2021.10.29	おおくまみなみ	前編	ディレクター
41	2021.11.5	おおくまみなみ	後編	ディレクター
42	2021.11.12	ハライチ　岩井勇気	前編	芸人
43	2021.11.19	ハライチ　岩井勇気	後編	芸人
44	2021.11.26	エレファントかさ増し	前編	構成作家
45	2021.12.3	エレファントかさ増し	後編	構成作家
46	2021.12.10	御舩陽平	前編	プロデューサー／ TBSグロウディア
47	2021.12.17	御舩陽平	後編	プロデューサー／ TBSグロウディア
48	2021.12.24	御舩陽平	延長戦	プロデューサー／ TBSグロウディア
49	2021.12.31	秦 進太郎	前編	ディレクター
50	2022.1.7	秦 進太郎	後編	ディレクター
51	2022.1.14	神吉将也	前編	プロデューサー／ラジオ関西
52	2022.1.21	神吉将也	後編	プロデューサー／ラジオ関西
53	2022.1.28	高井 均	前編	構成作家
54	2022.2.4	高井 均	後編	構成作家
55	2022.2.11	竹原知里	前編	ディレクター／イー・エー・ユー株式会社
56	2022.2.18	竹原知里	後編	ディレクター／イー・エー・ユー株式会社
57	2022.2.25	中島 正史	前編	プロデューサー／ FM FUJI
58	2022.3.4	中島 正史	後編	プロデューサー／ FM FUJI
59	2022.3.11	高杉太郎	前編	FM NACK5 編成部 （現・J-WAVE コンテンツプロデュース部）
60	2022.3.18	高杉太郎	後編	FM NACK5 編成部 （現・J-WAVE コンテンツプロデュース部）
61	2022.3.25	中村雅史	前編	ディレクター
62	2022.4.1	中村雅史	後編	ディレクター
63	2022.4.8	大村綾人	前編	構成作家
64	2022.4.15	大村綾人	後編	構成作家
65	2022.4.22	奥田 泰	前編	構成作家
66	2022.4.29	奥田 泰	後編	構成作家
67	2022.5.6	長曽沙也子	前編	ディレクター／メガハウス
68	2022.5.13	長曽沙也子	後編	ディレクター／メガハウス
69	2022.5.20	小林洋平	前編	構成作家
70	2022.5.27	小林洋平	後編	構成作家
71	2022.6.3	坂下冬樹	前編	ラジオエンジニア
72	2022.6.10	坂下冬樹	後編	ラジオエンジニア
73	2022.6.17	西畑風雅	前編	ディレクター／ MBSラジオ
74	2022.6.24	西畑風雅	後編	ディレクター／ MBSラジオ

#42-43のハライチ岩井勇気さんは特別ゲストとして表方で出演されています。

#	放送日	裏方さん（敬称略）		裏方さんの仕事／所属
75	2022.7.1	髙橋 亘	1週目	放送作家
76	2022.7.8	髙橋 亘	2週目	放送作家
77	2022.7.15	髙橋 亘	3週目	放送作家
78	2022.7.22	髙橋 亘	4週目	放送作家
79	2022.7.29	矢野了平	1週目	構成作家／ CAMEYO
80	2022.8.5	矢野了平	2週目	構成作家／ CAMEYO
81	2022.8.12	矢野了平	3週目	構成作家／ CAMEYO
82	2022.8.19	矢野了平	4週目	構成作家／ CAMEYO
83	2022.8.26	柴田和江	1週目	ディレクター／シャラランカンパニー
84	2022.9.2	柴田和江	2週目	ディレクター／シャラランカンパニー
85	2022.9.9	柴田和江	3週目	ディレクター／シャラランカンパニー
86	2022.9.16	柴田和江	4週目	ディレクター／シャラランカンパニー
87	2022.9.23	通谷研志	1週目	中国放送 東京支社営業部（現・報道制作センター）
88	2022.9.30	通谷研志	2週目	中国放送 東京支社営業部（現・報道制作センター）
89	2022.10.7	通谷研志	3週目	中国放送 東京支社営業部（現・報道制作センター）
90	2022.10.14	通谷研志	4週目	中国放送 東京支社営業部（現・報道制作センター）
91	2022.10.21	小野口 篤	1週目	ディレクター
92	2022.10.28	小野口 篤	2週目	ディレクター
93	2022.11.4	小野口 篤	3週目	ディレクター
94	2022.11.11	小野口 篤	4週目	ディレクター
95	2022.11.18	鈴木一男	1週目	ディレクター／ SKプランニング
96	2022.11.25	鈴木一男	2週目	ディレクター／ SKプランニング
97	2022.12.2	鈴木一男	3週目	ディレクター／ SKプランニング
98	2022.12.9	鈴木一男	4週目	ディレクター／ SKプランニング
99	2022.12.16	辻 慎也	1週目	ディレクター／アナザー
100	2022.12.23	辻 慎也	2週目	ディレクター／アナザー
101	2022.12.30	辻 慎也	3週目	ディレクター／アナザー
102	2023.1.6	辻 慎也	4週目	ディレクター／アナザー
103	2023.1.13	植木海斗	1週目	ディレクター
104	2023.1.20	植木海斗	2週目	ディレクター
105	2023.1.27	植木海斗	3週目	ディレクター
106	2023.2.3	植木海斗	4週目	ディレクター
107	2023.2.10	弘島 憲	1週目	ディレクター
108	2023.2.17	弘島 憲	2週目	ディレクター
109	2023.2.24	弘島 憲	3週目	ディレクター
110	2023.3.3	弘島 憲	4週目	ディレクター
111	2023.3.10	宮嵜守史	1週目	プロデューサー／ TBSグロウディア
112	2023.3.17	宮嵜守史	2週目	プロデューサー／ TBSグロウディア
113	2023.3.24	宮嵜守史	3週目	プロデューサー／ TBSグロウディア
114	2023.3.31	宮嵜守史	4週目	プロデューサー／ TBSグロウディア

アフタートーク

——二年にもわたる「向井と裏方」は、いかがだったでしょうか。

向井　ラジオの裏方さんだけをテーマにしたニッチな番組が、よくもまぁ、二年も続いたなと思います。さまざまな裏方さんにお話を聞けて本当に楽しかったです。聴いてくださる方も「『向井と裏方』面白いよ！」とほかの人に猛烈に宣伝してくれるような、熱量の高い番組になったと思います。

——向井さんもTBSラジオで「パンサー向井の#ふらっと」が決まるなど、この二年の変化が大きかったのではないでしょうか？

向井　そうですね。ぼくはラジオのレギュラーを五本やっていたんですけど、その一本が、なくなってしまうことになって。タレントさんや芸人さんで四本やっている人はいるので、五本っていうのがよかったんですけどね。ちょっと寂しい気持ちです。

——最近は向井さんのことを、「ラジオ王」「ラジオスター」などと呼ぶ方もいますが……。

向井　いやいや。そんなのおこがましいですよ。「ラジオ王」というものがあるとするなら、本数ではないですよね。「ラジオスター」にしたって、皆さんの心の中にそれぞれのスターがいるので、角が立つじゃないですか。だから「ラジオ王」も「ラジオスター」も僕はいいんです。僕は誰とも争いたくない。

僕のことはこれから「ラジオフェアリー」と呼んでほしいです（笑）。一人しかいないポジション、ラジオフェアリーとして、僕は勝手にやりますので、みんな放っておいてください。

――そんな「ラジオフェアリー」の向井さんから、出演していただいた裏方さん、リスナーさんにメッセージをお願いします。

向井　いま音声コンテンツがすごく盛り上がっていて「ラジオブーム」なんて記事もちらほら見かけるようになりましたよね。ですが実際に現場にいると、みなさん本当に大変そうで、いつ番組がなくなってもおかしくないという危機感があるように思います。

今回「向井と裏方」に出ていただいた裏方さんたちの多くは、「私なんかが出ていいのか」と葛藤を口にしていました。それでも葛藤を乗り越えて、出てくださった。最大限に感謝したいし、本当にリスペクトの気持ちがあります。きっとラジオ業界をなんとかつないでいきたい気持ちで、出てくださったのでしょう。ラジオがなくならないように、火を消さないように。

リスナーの皆さんも、読者の皆さんも、きっとラジオが大好きだと思うんです。皆さんのそういう気持ちがなくなったら、ラジオはもしかしてなくなってしまうかもしれない。だからラジオが好きという気持ちを、絶やさずに残してほしい。その火に薪をくべていってほしい。それがラジオフェアリーからのお願いですね（笑）。ぼく自身も、その一人でありたいと思っています。

――それにしても「向井と裏方」が終わってしまうのは寂しいですね。

向井　そうですね。ですが「向井と裏方」は、あくまでファーストシーズンが終了だと思っています。まだまだお話を聞きたい方もいますし、機会があればセカンドシーズン、サードシーズンとやっていきたいと思っています。本当に楽しい番組でした。出演していただいた皆さん、リスナーの皆さん、そして読者の皆さんも、またぜひどこかでお会いしたいです。

　お聴きいただいて、ありがとうございました。

（終）

協力　吉本興業株式会社
株式会社エフエム東京
内藤博志、久米香織、吉岡拓麻
株式会社J-WAVE
株式会社TBSラジオ
株式会社ニッポン放送
株式会社文化放送

編集協力　塩見昌矢、植木海斗、浜本麻里
取材・構成　山本ぽてと
執筆協力　碇雪恵、新松戸よしえ、ねむみえり、船崎桜、Ryota
撮影　高見知香

向井と裏方

2023年8月20日　初版印刷
2023年8月30日　初版発行

編者　TOKYO FM「向井と裏方」制作班
装幀　大倉真一郎
発行者　小野寺優
発行所　株式会社河出書房新社
〒151-0051　東京都渋谷区千駄ヶ谷2-32-2
電話（03）3404-1201（営業）
（03）3404-8611（編集）
https://www.kawade.co.jp/

組版　安藤紫野（こゆるぎデザイン）
印刷・製本　株式会社暁印刷

Printed in Japan ISBN978-4-309-25704-4